KB236197

미식남녀를 위한 맛있는 만화

맛집 천국

후쿠오카 큐슈

만화 · 이시이 마키
맛집 가이드 · 야마다 요우코
옮긴이 · 박은희

TV나 만화에 나온 요리를 만들어보거나 편의점과 슈퍼마켓에 가서 새로 나온 과자를 체크하는 게 취미입니다.
좀 전에 TV에 나온 거 따라 해봐야지~
우히히...
안녕하세요? 이시이 마키라고 합니다.
카고시마 현에 살고 있는 일러스트레이터입니다.
맛있겠다...
자, 그럼 탄탄면을 먹어보겠습니다~!
뒹굴
뒹굴
먹는 걸 무척 좋아하는 저이지만
밥집
영업중
혼자 밥 먹는 것도 아무렇지 않음
랄랄라
동글동글한 체형과 먹보 캐릭터 덕분에 이런 책도 출판했습니다.
ぽっちゃり女子 くいしんぼうDay's
いしいまき
ぽっちゃり女子 ときめきDay's
いしいまき
「통통녀의 먹방 Day's」
「통통녀의 두근두근 Day's」
그런 제가 이번에 후쿠오카&큐슈의 맛집 탐방을 떠나게 됐는데...
제가 안내해드리죠...
어디가 좋을지 정보가 너무 많아서 고민이야.
스윽
맛집
잔뜩 기대하고 들어간 식당의 음식 맛이 별로
...였던 적도 있습니다.
으음...

안녕하세요? 요우코라고 해요.
오이타 현 나카스 출신이고, 지금은 후쿠오카에 살고 있어요
다, 당신은…
제가 후쿠오카와 큐슈의 확실한 맛집을 소개해드릴게요!!
요우코 씨는 매일이다시피 큐슈의 이곳저곳을 취재하며, 연간 500곳 이상의 맛집을 찾아다니고 있는 맛집의 달인입니다!
저를 따라오세요.
흐흐…
반짝
달인님~!
여행 잡지 『큐슈 자란』에 기사를 쓰고 있습니다
불끈!
후쿠오카에 가면 꼬치구이랑 냄비요리도 먹어야 하고
쿠마모토의 말고기 육회랑 코쿠라의 스시, 나가사키의 토루코라이스도 빼놓을 수 없죠!!
우와~ 신난다!
열심히 설명 중!!
이런 든든한 조력자와 함께 지금부터
후쿠오카와 큐슈의 정말 맛있는 음식점을 찾아 떠나보겠습니다.
Go!!

♥하카타: 카지시카
파를 듬뿍 끼운 꼬치와 체리 베이컨말이

♥하카타 : 나카짱
명란젓이 삐져나와 있는 달걀말이

♥하카타: 하카타 콧코야
양파를 끼운 후쿠오카의 야키토리!

♥하카타: 카와야 케고점
단골 품절 메뉴, 바삭바삭 닭껍질 꼬치구이

♥하카타: 소우루유가
푸짐한 한국의 냄비요리, 백숙

♥하카타: 규모츠나베 오오이시 스미요시점
부추가 듬뿍!! 소곱창전골

♥하카타: 마키노 우동 쿠코점
점점 양이 늘어나는 우동

♥하카타: 호운테이
작지만 폭발적인 맛! 한입 교자

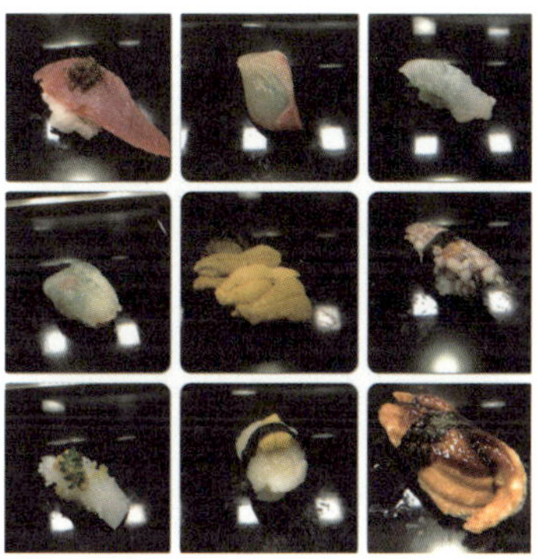

♥코쿠라: 모리타
주방장의 인품도 일품!

♥코쿠라: 텐즈시 교마치점
스시 한 점 한 점이 마치 보석 같아!

♥쿠루메: 스미비쿠시야키 우에노
센포코, 다루무라는 게 뭐지?

♥코쿠라: 스에마츠사케텐
명물 '누가타키'와 함께 한 잔!

갓 손질한 반짝반짝 전갱이회

촉촉하게 쪄낸 민물장어

푸짐한 속재료! 달콤한 김초밥

온천의 수증기로 음식을 찐다!

카고시마의 인기 메뉴, 시로쿠마 빙수

촉촉하고 품격 있는 히레카츠

♥쿠마모토: 스가노야호루몬
말고기의 다양한 부위를 육회로 즐기자!

♥쿠마모토: 센몬텐 코쿠테이
달걀노른자가 2개! 마늘 향이 가득한 쿠마모토 라멘

♥나가사키: 코로케
치킨 피카타가 올라간 독특한 토루코라이스

♥나가사키: 추고쿠사이칸 케이카엔
택시 기사 아저씨의 추천 요리, 짬뽕!

♥나가사키: 쿄카엔
맥주랑 잘 어울리는 니라판면

♥나가사키: 우미노
떠먹는 '밀크셰이크'

벳푸

*지명과 요리명은 일본어 발음에 최대한 가깝게 표기했습니다.
*본문에 나오는 정보는 2013년 10월 기준입니다.

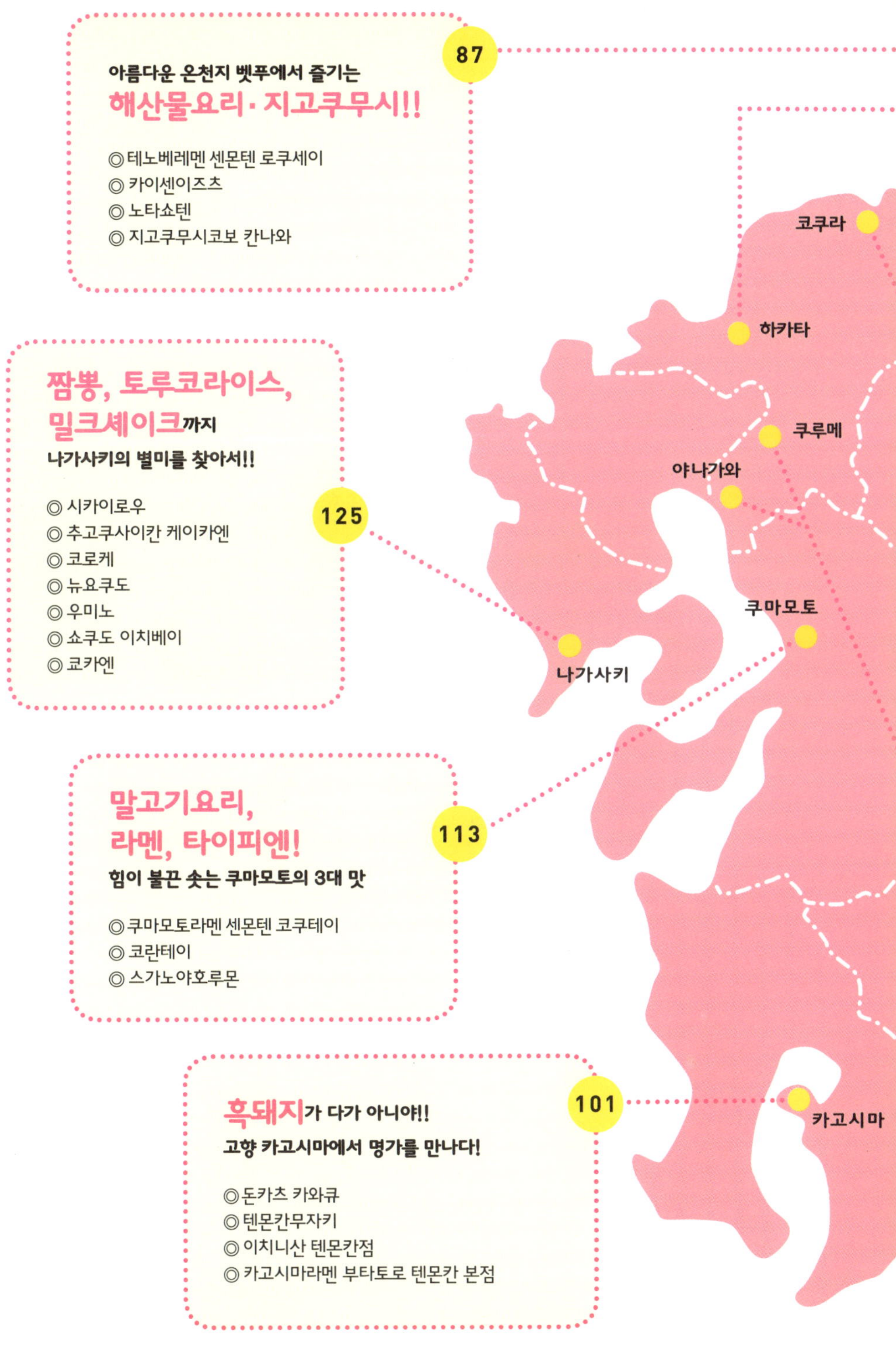

87

아름다운 온천지 벳푸에서 즐기는
해산물요리·지고쿠무시!!

◎ 테노베레멘 센몬텐 로쿠세이
◎ 카이센이즈츠
◎ 노타쇼텐
◎ 지고쿠무시코보 칸나와

짬뽕, 토루코라이스,
밀크셰이크까지
나가사키의 별미를 찾아서!!

◎ 시카이로우
◎ 추고쿠사이칸 케이카엔
◎ 코로케
◎ 뉴요쿠도
◎ 우미노
◎ 쇼쿠도 이치베이
◎ 코카엔

125

말고기요리,
라멘, 타이피엔!
힘이 불끈 솟는 쿠마모토의 3대 맛

◎ 쿠마모토라멘 센몬텐 코쿠테이
◎ 코란테이
◎ 스가노야호루몬

113

흑돼지가 다가 아니야!!
고향 카고시마에서 명가를 만나다!

◎ 돈카츠 카와큐
◎ 텐몬칸무쟈키
◎ 이치니산 텐몬칸점
◎ 카고시마라멘 부타토로 텐몬칸 본점

101

코쿠라
하카타
쿠루메
야나가와
쿠마모토
나가사키
카고시마

포렴 너머에
파라다이스가!
명물 포장마차
야타이

◎ 나카짱

◎ 하나야마노텐진상

◎ 카지시카

큐슈의 맛집을 꽉 잡고 있는 요우코 씨
여성분들도 편하게 갈 수 있는 맛집으로 안내할게요!
든든 해요!!
용기가 나질 않아...
괜찮 아요!!
하지만 막상 들어가려니 ...
두근 두근
줄비하게 늘어선 매력적인 불빛
후쿠오카 하면 역시 포장마차!
먹는 걸 무척 좋아하는 일러스트 레이터
맛있는 요리를 찾아 후쿠오카에 왔습니다.
사장님과 친해 보이는 요우코 씨.
요우코 씨, 오랜만이야. 요즘 어떻게 지냈어?
휴일인데도 이른 시간부터 북적이고 있습니다.
일이 바빠서 자주 못 왔어요.
여기요~!
시끌
시끌
생글
생글
첫, 번째로 찾아간 곳은 니시테츠 후쿠오카 역에서 그리 멀지 않은 추오 구 텐진 1초메 부근.
いらっしゃいませ
ラーメン
焼ラーメン
お好み焼
나카짱
메뉴가 무려 100가지!! 후쿠오카 포장마차 중 최고의 메뉴 수를 자랑하는 곳
사장님 나카가와 씨
솜씨 좋은 사장님이 한,번에 3~4인분을 만들고 계십니다.
아까운 명란젓이 밖으로 삐져나왔어요 ~!!
명란젓 하나가 통째로 들어가네~
치 익 ~
우선 요우코 씨의 강력 추천 메뉴인
명란젓 달걀말이 하나!
여기도!!
저도요!
명란젓 달걀말이를 주문!
좁지만 사용하기 편리해 보이는 모습.
야타이 (포장마차)의 조리실은 의외로 효율적인 공간 배치를 해서
컵
라멘용 소쿠리
싱크대
공간을 최대한 살린 느낌!
비밀 기지처럼 생겨서 왠지 설레 ~~

푸짐하고
볼륨감이
넘치는
남성적인
요리!!
두   둥~!!
완성!!
명란젓 달걀말이
￥750
명란젓이 듬뿍
파
한 조각
한 조각이 집기 어려울
정도로 큼직해!!
입체적이고
탱글탱글한 모양.
철판 위에서 마무리로
간장을 둘러준다

오코노미야키
같아~!!
전체에 마요네즈와
소스가 얇게 발라져
있다
참마 철판구이
￥650
가츠오부시가
듬뿍
그리고 주문한
또 다른 요리.
저는
마요네즈를
뿌려
먹는 게
좋아요
매콤짭짤한
명란젓을
달걀이
부드럽게
감싸주고
있습니다.
안주 삼아
조금씩 먹어도
좋을 듯.
포장마차에 마련돼 있다

느낌이
딱!
이번엔
여기로
가보죠.
맛있을
것
같아요!
오오!
작가의
감!!
花山
天神さん
あの鳥串
メシ
응?
하나야마?
?
배 속에
여유 공간을
남겨둔 채
다음
포장마차를
물색 중….
소스가
진하지만
뚝딱 해치울
수 있을 것
같아요~
끈적끈적한
참마 안에 든
콩나물이
사각사각
씹혀서
맛있어요!
끈~적

하나야마노텐진상
꼬치구이는 생고기만 사용하며, 50년 이상 고수해온 유자소스가 맛의 비결.
시끌
도야마에서 왔어요.
어디서 왔어요?
다음엔 뭘 먹을까~?
예, 말도 안돼요
연예인 닮았어요!
시끌
시끌
사장님 잘생겼어요!
요우코 씨의 직감을 믿고 안으로 들어가 보니 잘생긴 사장님이 가게를 운영하고 계셨습니다.
사장님은 무뚝뚝해 보이지만, 요리가 맛있다고 칭찬하면 순간 기쁜 표정을 짓는 모습이 귀엽다.
역시 대단하세요 ~~
전부 맛있어요 ~~
으쓱
야키 라멘은 철판에서 삶은 면과 재료를 볶다가 돈코츠 국물을 넣고 버무린 것.
치즈훈제도 향긋하고 ♡~~
치즈훈제 ¥200
바삭한 면발이랑 진한 국물이 어우러져 맛있어!
먹고 싶은 요리를 마음껏 주문.
야키 라멘 ¥650
유자 후추
바삭 찐득 족발 ¥420
바삭
하네츠키 교자처럼 바삭하고 얇은 피가 전면을 덮고 있다
이 바삭바삭한 부분을 가르면 보들보들한 족발이 모습을 드러낸다!!
그리고 나를 깜짝 놀라게 한 것이!
족발 이에요~
엣!?

두부 명란치즈 철판요리도 주세요!
스페셜 메뉴
소안창살도 주문한 뒤 또 다시 추가 주문!!
일반 족발과는 달리 손에 묻지 않아 여성들에게 인기가 좋습니다.
양념이 너무 진하지도 싱겁지도 않고 간이 딱 맞네요~
바삭바삭한 겉면과 보들보들한 속살의 절묘한 조화!!
일반 족발처럼 탱글탱글하지 않아!!
일반 족발
바삭
바삭

짜자~~안!!
꺄아~
철판에서 맛있는 소리가 나고 있음
완성된 요리가 바로 이것!
지글
지글
꺄아~
감동이야~~~
두부 명란치즈 철판요리
¥700

그렇게 보고 있으면 요리가 나왔을 때 아무 감흥이 없어요.
…
…
어떤 요리가 나올지 상상이 안 돼.
뚫어져라
흥미진진…

이곳은 하코자키의 유명 닭꼬치집 '하나야마'의 자매점이라는 점에서도 그 수준을 알 수 있는 가게랍니다!

후훗
아, 입안 가득 행복이…
진한 치즈와 명란젓이 두부와 만나 부드러운 맛이 됐습니다.
기분 좋아 보임

쭈욱~
꺄아~ 파하고 치즈, 두부가 하나가 됐어!!

포장마차 밖에도 테이블과 의자가 놓여 있고 손님들로 북적북적!!
시끌
시끌
시끌
여기예요.
와~! 손님들이 정말 많네요.
다음으로 갈 곳은 여사장님이 운영하는 곳이에요.
텐진에서 하카타로 이동해 강 주변에 위치한 포장마차로 향합니다.
강가라서 운치도 있고 좋네요.
그죠?
터벅
터벅
하카타 강
부사장님은 아버지
사장님
사장님이 여성분이어서 부담 없이 들어갈 수 있는 분위기입니다.
생각보다 훨씬 젊은 사장님과 부사장님이 우리를 맞아 주셨습니다.
어서 오세요
부사장님이 계시니까 든든하네요.
이 포렴의 그림은 하카타의 유명 화가인 킨다유 씨가 그려주신 거라고 합니다.
카지시카
젊은 여사장님이 아버지와 단둘이 운영하고 있는 가게.
포렴이 화려해
짭짤한 베이컨과 달콤한 과일이 의외로 잘 어울려!
꺄아~ 귀여워!
다 소 곳~
우선 유독 우리의 시선을 사로잡은 체리 베이컨말이를 주문.
체리 베이컨말이 ￥200
요렇게 생겼음 파를 듬뿍 넣은 꼬치도 먹고 싶었지만 이미 품절
파가 빼곡~

사장님 나이가 23세라는 사실에 깜짝!
계절마다 과일이 바뀐답니다.
전에는 포도도 있었죠?
체리는 구우면 방울토마토 같은 맛이 나네요.
싹싹한 성격에 무엇이든 친절하게 대답해주신다

비법 소스와 소금으로만 간을 한 심플한 맛
메추리알 꼬치구이
¥150

주문하자 눈앞에서 사장님이 생메추리알을 꼬치에 끼우기 시작하셨습니다.
왜 안 깨지지?

요우코 씨에게 추천 메뉴를 물었더니
메추리알은 꼭 먹어보세요. 껍질째 먹는답니다.
오오~

두둥~!
새송이버섯 고기말이
¥200
뜨끈뜨끈한 버섯과 고기, 말이 필요 없는 조합!!

그 후에도…
소금 간도 딱 맞고 껍질 향도 향긋하니 술이 술술 넘어가네요.
생각보다 껍질이 훨씬 얇고 바삭바삭해요!
금방 나온 건 상당히 뜨겁습니다.
뜨끈 뜨끈

짜~자~~안!!
고명은 깔끔하게 차슈 1장과 파!
파 듬뿍
마무리는 역시 라멘이지!
요리 2개 정도를 더 먹은 뒤…
고명이 심플해서 마음에 들어요.
겉은 바삭하고 속은 부드러운 족발!
뽀얀 돼지뼈 국물
라멘 ￥600
족발 ￥400
차슈도 맛있고 국물도 딱 좋아요!
면발이 가늘고 양도 많지 않아서 술술 넘어가요.
맞아요!
그렇게 먹었는데도 무척 맛있어요!
그런데 여긴 정말 강력 추천이에요.
수많은 포장마차 중 내 입맛에 딱 맞는 라멘을 파는 곳을 찾는다는 건 정말 어려운 일.
소곤…
이렇게 맛있는 냄새로 가득한 후쿠오카의 밤이 깊어갑니다.
꿀
시
시
꿀
여기 살았으면 매일 올 것 같아요~
하카타 사람들이 정말 부러워요~
이양~~
또 와요~!
돌아가는 길에 부사장님이 라멘 반값 할인권을 주셨습니다!!
후후
감사합니다
기한 없는 거니까

하카타를 걷다가
영업 준비 중인 포장마차들을 발견 !!

'히키야' 라고 불리는 사람들이 주차장에서
포장마차를 옮긴다고 합니다

포장마차에는 다양한 얼굴이 있다!!

하카타 밤거리의 명물, 포장마차. 포장마차 하면 거나하게 술에 취해 가는 곳이라는
이미지가 강하지만, 실제로는 라멘이나 꼬치구이뿐만 아니라 스테이크,
프랑스요리, 우동, 냄비요리, 칵테일 등을 취급하는 개성 넘치는 곳도 많다.
술자리의 마무리로는 물론 1차, 2차로 가도 좋고, 데이트 장소로도 그만이다!
포렴 안으로 들어서면 인정미 넘치는 따뜻한 세계가 펼쳐져 포장마차가
처음인 사람도 집에 돌아갈 때쯤이면 단골 행세를 할 수 있다.
여기저기서 들려오는 본고장의 하카타 사투리를 들으며 포장마차의 멋과 맛을 즐겨보시길!

Spot Data

나카짱
なかちゃん

福岡市 中央区 天神2-1-1
☎090-3601-3540
18:00~ 다음 날 03:00
수, 일요일 휴무

하나야마노텐진상
花山の天神さん

福岡市 中央区 天神2-13-1
福岡銀行本店裏口前
☎090-7534-6952
18:30~ 다음 날 01:00
혹은 02:00 혹은 03:00
월요일 휴무

카지시카
かじしか

福岡市 博多区 須崎町3
博多川沿い
☎090-1877-3773
19:00~ 다음 날 01:30
일요일 휴무

야키토리

◎ 카와야 케고점

◎ 하카타 콧코야

◎ 텐카노야키토리
　 노부히데 본점

たかが焼鳥されど…… か屋
か屋
カ와야
텐진에서 가까운 케고에 위치하며 '닭껍질 꼬치구이'가 유명한 곳.
독특하고 맛있는 집으로 안내할게요.
후쿠오카의 꼬치구이는 꼭 먹어봐야죠!
야호~! 꼬치구이, 정말 좋아해요!!
후쿠오카 사람들은 야키토리(꼬치구이)를 무척 좋아합니다. 가게 수도 인구수 대비 전국 최고!
쿵~~!
꼬치 1개라고?!
오늘은 닭껍질이 모자라서 한 사람당 꼬치 1개밖에 드릴 수가 없네요.
기대에 부풀어 당당하게 주문 했으나…
조송해요
분명 깜짝 놀랄 거예요
후후 후후…
여기 닭껍질 꼬치구이는 맛도 생김새도 독특하고 정말 맛있어요.
두근 두근
닭껍질에 양념의 향이 어우러져 맛이 절묘하네요.
바삭바삭 하지만 씹으면 닭껍질의 진한 맛이 느껴져요.
!
바 삭
하루에 한 번 양념을 발라 6일 동안 불에 천천히 굽는 것이 이 가게만의 비법이라고 합니다.
빼곡히 꽂혀 있는 껍질
일단 귀중한 꼬치 1개를 맛보기로 했습니다.
닭껍질 꼬치구이 1개 ¥100
진하게 양념이 스며들어 짙은 갈색

저도
그 정도는
먹을 수
있을 것
같아요.

한 사람당
꼬치
20개 정도
먹는대요.

1분 만에 뚝딱
먹어버린 닭껍질
꼬치구이의
인기가 어느
정도인가
하면…

너무
모자라~

잉잉…
더 먹고
싶어…

깨끗~

솔직히 닭안심은
퍽퍽하다는 이미지가
있는데…

닭고기초무침

닭고기샐러드

물기가
있는
요리가
아니면
…

보들 보들

톡 쏘는
고추냉이
간장소스

닭안심 꼬치구이
2개 ￥350

아쉬운 마음을
뒤로하고
다른 꼬치도
주문해
보았습니다.

다음엔
닭껍질만
30개
먹을테닷!

오늘은
죄송합니다

야,
따뜻해~

마지막으로
닭 육수를
서비스로
주셨습니다.

소금으로 간을 한
뿐인 국물

고추냉이
간장
소스와도
무척 잘
어울려
~~~

반만 익혀서
엄청
촉촉하고

이제까지
느껴보지
못한
닭안심의
새로운 맛에
감탄!
~~~

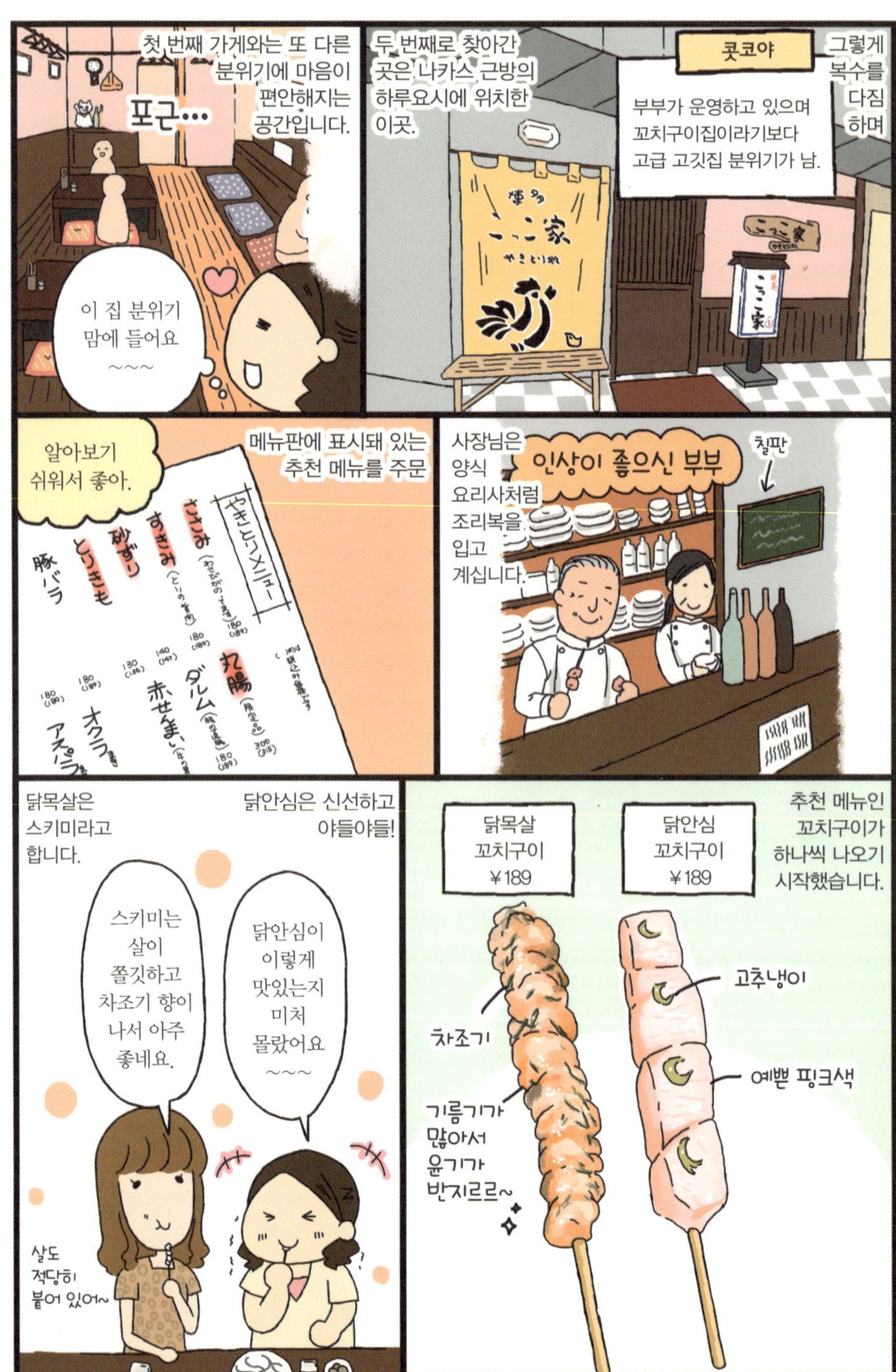

첫 번째 가게와는 또 다른 분위기에 마음이 편안해지는 공간입니다.
포근…
이 집 분위기 맘에 들어요 ~~~
두 번째로 찾아간 곳은 나카스 근방의 하루요시에 위치한 이곳.
콧코야
부부가 운영하고 있으며 꼬치구이집이라기보다 고급 고깃집 분위기가 남.
그렇게 복수를 다짐 하며
알아보기 쉬워서 좋아.
메뉴판에 표시돼 있는 추천 메뉴를 주문
사장님은 양식 요리사처럼 조리복을 입고 계십니다.
인상이 좋으신 부부
칠판
닭목살은 스키미라고 합니다.
닭안심은 신선하고 야들야들!
스키미는 살이 쫄깃하고 차조기 향이 나서 아주 좋네요.
닭안심이 이렇게 맛있는지 미처 몰랐어요 ~~~
살도 적당히 붙어 있어~
닭목살 꼬치구이 ¥189
닭안심 꼬치구이 ¥189
추천 메뉴인 꼬치구이가 하나씩 나오기 시작했습니다.
고추냉이
예쁜 핑크색
차조기
기름기가 많아서 윤기가 반지르르~

*유즈코쇼: 유자와 고추를 갈아 만든 향신료.

양배추샐러드는
후쿠오카 꼬치구이의
문화가 됐습니다!

완성~!

다른 가게들이
이곳의 맛을
따라 하면서
후쿠오카
전역에
퍼지게
됐고

맛있어~

건강식이야

꼬치구이랑
잘 어울려~

그 결과
손님들에게
큰 인기를
얻어

주방장님,
이거 맛있어

우걱우걱

아삭아삭

바로
이거야
!!

시행착오를
거듭한 끝에
오리지널
초소스
개발
성공!

꼬치구이는
역시 소스가
중요하지…. 그렇다면
양배추샐러드 소스는
식초를 넣어 새콤하게
맛을 내면 어떨까…?

식초
비율은…

평일인데도 끊임없이
들어오는 손님들로
북적이고 있었습니다.

어서 오세요!!

안녕하세요~?

안녕하세요~?

하카타자(연극
전용 극장)
뒤편에
있습니다.

짠~!

그런 전통을
지닌 가게가
바로 이곳!!

天下の焼鳥信秀本店

店秀本店

텐카노야키토리

1956년에 창업했으며
약 50가지의 꼬치구이를
판매하고 있다. 연예인도
많이 찾아오는 인기 가게.

내장초무침

큼직큼직 먹기 좋은 크기

기본 안주인
양배추
샐러드와
내장초무침이
나왔습니다.

새콤한 소스

바로
이거야~!!!
원조 양배추
샐러드!!!

특등석을
차지했습니다.

재료들이
죽 놓여 있는
진열장
바로 앞의

반짝 반짝

예
쁘
다
?

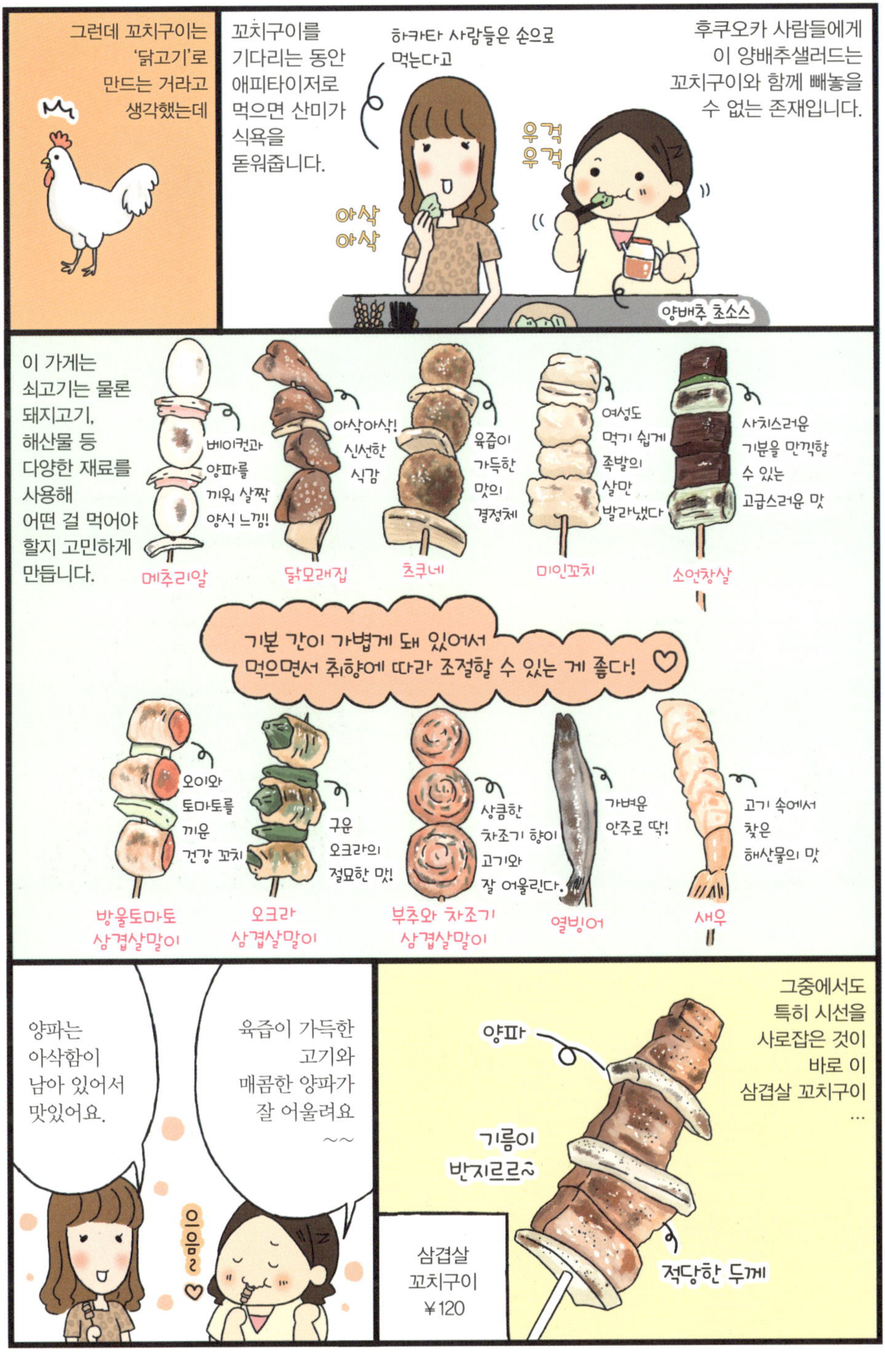

그런데 꼬치구이는
'닭고기'로
만드는 거라고
생각했는데

꼬치구이를
기다리는 동안
애피타이저로
먹으면 산미가
식욕을
돋워줍니다.

하카타 사람들은 손으로
먹는다고

후쿠오카 사람들에게
이 양배추샐러드는
꼬치구이와 함께 빼놓을
수 없는 존재입니다.

우걱
우걱

아삭
아삭

양배추 초소스

이 가게는
쇠고기는 물론
돼지고기,
해산물 등
다양한 재료를
사용해
어떤 걸 먹어야
할지 고민하게
만듭니다.

베이컨과
양파를
끼워 살짝
양식 느낌!

아삭아삭!
신선한
식감

육즙이
가득한
맛의
결정체

여성도
먹기 쉽게
족발의
살만
발라냈다

사치스러운
기분을 만끽할
수 있는
고급스러운 맛

메추리알

닭모래집

츠쿠네

미인꼬치

소염창살

기본 간이 가볍게 돼 있어서
먹으면서 취향에 따라 조절할 수 있는 게 좋다! ♥

오이와
토마토를
끼운
건강 꼬치

구운
오크라의
절묘한 맛!

상큼한
차조기 향이
고기와
잘 어울린다.

가벼운
안주로 딱!

고기 속에서
찾은
해산물의 맛

방울토마토
삼겹살말이

오크라
삼겹살말이

부추와 차조기
삼겹살말이

열빙어

새우

양파는
아삭함이
남아 있어서
맛있어요.

육즙이 가득한
고기와
매콤한 양파가
잘 어울려요
~~

으음2

그중에서도
특히 시선을
사로잡은 것이
바로 이
삼겹살 꼬치구이
…

양파

기름이
반지르르~

삼겹살
꼬치구이
¥120

적당한 두께

돼지 내장으로 만든 꼬치구이는 부드럽고, 양념이 잘 배어 있어 일품이었습니다!
제일 맛있당 ~~~
평상시엔 잘 마시지 않던 맥주도 술술~
진열장에서 보고 한눈에 반한 것!
양념이 잘 배어 있다
먹기 곤란할 정도로 큼직한 크기
흰 내장 꼬치구이 ¥120
이 가게의 단골이라는 연예인 키타지마 사부로 씨 사진의 배웅을 받으며 노부히데를 뒤로했습니다.
키타지마 사부로
사부로 씨도 단골이었군요~
가게는 어느새 만석!
정신없이 꼬치를 먹다 보니…
시골
시골
꼬치구이가 타지 사람들에게도 친근한 요리가 됐으면 좋겠어요.
신선한 고기와 숯불 향에 흠뻑 빠지고 말았어요.
크흡!
꼬치구이의 참맛을 알고 문화적 충격을 받았습니다.
슈퍼마켓 반찬 코너에서 사서 밥반찬으로 먹곤 했는데…
실은 이제까지 꼬치구이 집을 가본 적이 별로 없던 나.
달콤하고 진한 소스의 꼬치구이덮밥

콧쿄야의 자코메시(잔생선밥)도
별미! ♡
깨
김
차조기
바삭하게
튀긴
잔생선
♡
차조기와
잔생선의
향이 좋아!
보리를
섞은 밥
자코메시
¥504

꼬치구이엔 삼겹살도 빼놓을 수 없지!

후쿠오카의 꼬치구이는 닭고기는 물론 돼지고기, 쇠고기, 해산물 등 재료가 다양하다.
그중에서도 삼겹살은 특별한 존재! 닭꼬치 종류는 적어도 삼겹살꼬치는 반드시 있고,
삼겹살꼬치가 없는 꼬치구이집은 꼬치구이집이 아니라고 할 정도로
하카타 사람들은 삼겹살을 사랑한다.
그리고 또 하나 빼놓을 수 없는 것이 양배추샐러드! "삼겹살 10개!" 자리에 앉자마자 이렇게
주문한 뒤 꼬치를 기다리며 양배추샐러드를 안주 삼아 맥주를 마시는 것이 후쿠오카 스타일.
이런 후쿠오카 스타일의 꼬치구이, 꼭 경험해보시길!

Spot Data

카와야 케고점
かわ屋 警固店

福岡市 中央区 警固2-16-10
吉武ビル 1F
☎092-741-4567
17:00~ 다음 날 01:00
(LO 24:00)
부정기휴무

하카타 콧코야
博多こっこ家

福岡市 中央区 春吉2-2-2 エス
テートモア天神スタジオ 1F
☎092-762-7007
18:30~24:00
(일, 공휴일 ~23:00)
월요일 휴무, 부정기휴무

텐카노야키토리 노부히데 본점
天下の焼き鳥 信秀本店

福岡市 博多区 下川端町8-8
☎092-281-4340
16:30~ 다음 날 01:00
(LO 00:30)
연중무휴

한번 먹어보면
반드시 단골이 되는
따끈따끈

냄비요리!

◎ 규모츠나베 오오이시
　스미요시점

◎ 소우루유가

◎ 다이묘 이케다야

오오이시
하카타 역 근처 스미요시에 있는 곱창전골집
おおいし
여긴 인기가 많아서 예약도 쉽지 않아요.
후쿠오카의 냄비요리 하면 역시 곱창전골!!
냄비요리는 여럿이 둘러앉아 이야기를 나누며 먹어야 제맛이죠. 그래서 이번에는 네 명이 함께 맛집 탐방을 떠나기로 했습니다.
편집 담당 가토 씨
요우코 씨의 선배 작가 H씨 (한국통)
후쿠오카에는 맛있는 냄비요릿집이 많아요!
곱창전골은 하카타 사람들도 자주 먹는 음식이라고 합니다.
꼬치구이집이나 이자카야만큼 친숙한 존재죠 ~~
집에서도 먹고, 밖에 나가서도 먹고~
하카타에 10년 이상 살고 있음
개점한 지 얼마 안 됐는데도 손님들이 무척 많습니다.
널찍한 공간!!
일본풍의 인테리어에 세련되고 현대적인 분위기.
파
이건 된장 육수
부추가 듬뿍, 곱창이 데굴데굴
두부를 넣음
간장 육수와 된장 육수, 두 가지 맛을 보기로.
양배추
우엉
유즈코쇼는 취향에 따라
그 밖에 '샤브샤브풍'이 있어요~
조리돼 나오기 때문에 바로 먹을 수 있다!!
소곱창전골 1인분 ¥1160 (2인분부터 주문 가능)
하카타 사람들은 여럿이 둘러앉아 요리를 먹는 걸 좋아하는군요. 포장마차도 그런 느낌이었고요 …
타지에서 손님이 오면 우선 곱창전골을 먹으러 가요.
기대돼요~~
아~~

국내산 소의 소장만을 사용한다고.
계속 먹고 싶당 ♥
하얀 주름 부분을 씹으면 내장의 깊은 맛이 쫘~악 퍼진다.

탱글 탱글
곱창은 두툼하고 탱글탱글!
집에서 먹었던 곱창과는 비교가 안 되는 두께!!

참고로 샤브샤브는 간장 육수에 끓여서 초간장을 찍어 먹는다고 한다.
간장 육수는 현지의 간장 공장에서 만든 것만을 사용해 맛이 산뜻하고 깊이가 있다.
된장 육수는 4가지 브랜드 제품을 사용해 맛이 진하고 부드럽다.
우열을 가릴 수 없어!
된장… 아니, 간장… 으음…
이시이 씨는 된장이랑 간장 육수 중 어느 쪽이 더 맛있어요?
고민돼!
으음…

그런 이유로 곱창 전골이 나날이 진화하고 있는 것 같았습니다.
다른 가게는 소금 맛이랑 치즈 맛도 있어요.
최근의 곱창전골 가게들은 다양한 아이디어로 육수 맛을 내고 있는데

마지막까지 맛있게 먹었습니다!!
그리고 마무리는 짬뽕! 적당한 두께의 쫄깃한 면발이 국물과 잘 어우러져
곱창 기름이 적당히 떠 있는 것도 마음에 들어
마지막 건더기까지 건져 먹어서 좋아~
짬뽕면 ¥210

오늘 잘 부탁 드릴게요~
H씨, 어서 와요! 매번 고마워요!
시끌
시끌
시골 柳家
소우루유가
이토시마의 돼지고기만을 사용한 삼겹살과 전골요리가 인기.
H씨가 안내한 곳은 하카타자 근처에 있는 맛집.
다음은 한국통 H씨에게 바통터치!
후쿠오카에는 한국인이 경영하는 정통 한국 식당이 많아요.
한류 드라마에 빠져 한국어를 마스터한 대단한 분!
지리적으로 가깝기 때문에…
기대돼요
전 전체에 치즈가 덮여 있다
노릇하게 구워진 치즈전 ♪
우선 H씨가 강력 추천한 치즈전을 주문!
치즈전 ¥680
치즈가 쭈~욱! ♡
일부러 눈에 띄지 않는 장소에서 장사를 하는 거예요.
손님들이 너무 많이 오시면 곤란하니까~
점장님은 밝고 재미있는 분으로…
애칭 욘사마, 서울 출신, 일본 애니메이션을 좋아하고 일본어가 유창하다
닭한마리
감자를 넣기도 함
파
그런데 한국 음식 중 육수에 닭을 넣고 끓여서 매운 소스에 찍어 먹는 닭한마리가 유명한데
맛이 깊고 부드러워서 남녀노소 누구나 좋아할 만한 요리입니다.
고소해~~ 겉은 바삭, 속은 쫀득!

백숙과 닭한마리의 차이점은 이렇습니다.

	백숙	닭한마리
의미	'맹물에 삶는다'라는 의미로 '백숙(白熟)'이라고 한다.	말 그대로 닭 한 마리를 요리한다는 의미.
조리법	냄비에 물을 붓고 닭을 넣어 오랫동안 삶는 요리. 소금에 찍어 먹어 닭고기 본연의 맛을 즐길 수 있다.	감자 등의 채소와 함께 닭 한 마리를 통째로 육수에 넣고 끓인 뒤 매콤한 특제 소스에 찍어 먹는다.
유래	닭한마리보다 역사가 깊다.	한국의 동대문 시장 상인들이 행상을 떠나기 전 배를 채우기 위해 고안해냈다고 한다.

일반 면보다 국물을 잘 빨아들이는 것 같아! 김을 듬뿍 넣어서 더 맛있엉~
매콤한 된장 국물이랑 꼬불꼬불한 면이 아주 잘 어울려!
국물까지 뚝딱 해치웠을 즈음…
인스턴트 라멘이에요.
감자탕 국물에 라멘(300엔)을 넣어 먹습니다.
만두를 '끓인다'고? 무슨 요리지?
다음으로 갈 곳은 최근 인기 급상승 중인 일명 끓인 만두, 타키교자집입니다~!
자!!
가봅시다~!
디저트로 주신 옥수수차도 구수하고 맛있었습니다.
설마설마 했던 앞치마 등장! (웃음)
앞치마를 깜빡했네 ~
아~ 미안해요
이케다야
동네 주민 외에는 조금 찾기 어려운 곳에 자리 잡고 있다.
텐진에서 가까운 다이묘에 위치한 가게.
요우코 씨가 우리를 데려간 곳은 타키교자에 대한 의문이 더욱 깊어지는 수상한 장소.
간판도 없고 정말 숨은 가게 같아~
오래된 만가 느낌
혼자서는 절대 못 찾겠어~
여기예요~
이런 곳에 음식점이?!

만둣국이랑은
느낌이 달라!!
오오~~
정말
만두를
끓였어!!
고춧가루와
유즈코쇼
두둥~!
국물은 닭 육수를 베이스로 사용했으며,
라멘 국물과 비슷한 느낌
자아~
고대하던
타키교자
등장!
숯불에 구운 닭고기가
들어간 만두소
만두가 둥둥 떠 있는
모습이 귀여워~
타키교자 6개입
￥700
토종닭의
쫄깃쫄깃한
식감이
정말 좋아요.
만두소
재료를
숯불에 구워
향긋해요.
푹 끓여서
만두피가
부들부들
할 거라
생각했지만
의외로
탱글탱글!
매끈한 표면
만두피가
쫄깃
쫄깃해~!!!
매우 친절하게
설명해줘서
팬이 되고
말았
습니다.
좀 더
간편하게
전골요리를
먹고 싶어서
만든 거라고
해요.
그렇구나~
그 밖에도 이것저것
가르쳐주었다
똘망 똘망
타키교자는
이케다
와사부로가
고안해낸
요리로
가게에는
발랄하고 예쁜
여종업원이
있는데
곧
가겠습니다

바닥은
콘크리트로,
현대와 과거가
공존하는
느낌입니다.

의자라서 다리도
저리지 않고,
다다미 소재여서
정겨운 느낌도
들어요.

젊은
손님들도
많다.

2층에도
자리 있음

개방적이고
세련된
실내 공간

면은 두꺼운 것과 가는 것 중
선택할 수 있습니다.

두꺼운 면으로 주문

그리고
피날레로
짬뽕면
투입!!!

고야샐러드
¥600

타키교자
이외에도
매우
수준
높은
요리들이
…

맘에 쏙~!

닭날개 메추리알
꼬치구이
¥300

짬뽕면
¥300

감자샐러드와
연근칩
¥500

후쿠오카에
오시면
꼭
냄비요리를
즐겨
보세요!!

후쿠오카의
맛과 멋을
느끼면서
다 같이
둘러앉아
먹으니까 참
좋네요.

아~
전부
맛있었어요!!

3곳 모두
재료와 국물이
전혀 달라서
대만족!!

맞아요~

배가 부른데도
계속 먹게 돼.

국물 맛이
깔끔해서

'오오이시'의
맛은 소우루유가의
점장님이
확실히
보증하셨습니다!
☆
정말
잘하셨네요
오오~
곱창전골은
오오이시에서
드셨다고요?

냄비요리계의 뉴 페이스 등장!

하카타의 냄비요리 하면 곱창전골과 닭고기 냄비요리가 투톱을 장식한다.
하지만 닭고기 냄비요리는 곱창전골에 비해 가격이 비싸서 현지 사람들에게도 특별한 음식이었다.
그런데 이런 냄비요리 영역에 혜성같이 등장한 것이 한국의 냄비요리와 타키교자!
매콤하고 중독성이 강한 한국의 냄비요리는 이제 하카타 주민들이 즐겨 찾는 음식이 됐다.
그리고 전국에서도 흔치 않은 타키교자!
한번 맛을 보면 반드시 다시 찾게 될 정도로 감동스러운 맛의 명품요리다.
하카타의 맛있는 냄비요리, 여러분도 뚝딱 해치워보시길!

Spot Data

규모츠나베 오오이시 스미요시점
牛もつ鍋 おおいし 住吉店

福岡市 博多区 住吉4-8-21
☎092-476-3014
17:00~24:00(LO 23:00)
월요일 휴무

소우루유가
ソウル柳家

福岡市 博多区 店屋町3-35
☎092-291-6188
17:30~23:30(LO 23:00)
일요일 휴무

다이묘 이케다야
大名 池田屋

福岡市 中央区 大名1-4-28
☎092-737-6911
월~토요일
18:00~24:00(LO 23:00) |
일요일 18:00~23:00(LO 22:00)
부정기휴무

크기는 작아도
맛은 최고!!
한입교자

◎ 테무진 케고점

◎ 호운테이

餃子 テムジン
홀 케고에 위치한 이곳부터 방문해 보겠습니다.
후쿠오카 외에도 지점이 있지만, 이곳의 소박한 맛은 후쿠오카 사람들의 소울 푸드라고 해도 좋을 정도예요.
테무진
창업 38년. 지역 주민들에게 사랑받고 있는 인기 맛집.
이번에는 교자!!
하카타는 한입교자가 유명해요.
콩닥 콩닥
교자 정말 좋아
마크가 귀엽네요.
참고로 간판 마크는 젊은 칭기즈칸이 말을 타고 가는 옆모습을 그린 거래요.
처음에는 '칭기즈칸'이라고 하려 했다가, 창업 당시 사장님이 젊었기 때문에 '테무진'으로 바꿨다고 해요.
테무진은 어린 시절의 칭기즈칸 이름이에요
'테무진'은 무슨 뜻인가요?
교자피는 부드럽고 쫄깃해요.
정말 작네요.
소고기는 갈아서 사용하며 소의 비율은 채소와 고기가 7:3
국내산과 수입산 소고기를 섞어서 사용
이런 이야기를 나누고 있을 때 교자 등장!!
작고 동글동글하며, 기름기 없이 담백하게 구워냈다
야키교자 10개 ¥480

이런 부드러운 맛이 하카타 사람들의 소울 푸드인 이유로군요.

요즘은 바삭한 교자피가 대세인데, 변함없이 이 집만의 부드러운 맛을 지키고 있다는 점에서 교자에 대한 사장님의 장인정신을 느낄 수 있죠.

이렇게 작은데 채소의 단맛과 육즙이 팡팡 터져요!!

정말 맛있어

입안에 넣으면 채소가 아삭 아삭!!

평범해 보이는 달걀전이지만…

부추와 달걀로 만든 심플한 요리

바로 요것!

부추달걀전
￥480

몽글몽글한 달걀이 식욕을 자극한다!

아, 맞다!

테무진에 올 때마다 항상 주문하는 게 있어요.

교자 순위표

젠토: 60개 이상
고무스비: 80개 이상
세키와케: 100개 이상
오제키: 120개 이상
요코즈나: 150개 이상

다이묘 본점에는 '오제키' 이상이 되면 이름이 새겨진 명찰이 걸린다고 해요.

대단해!

맞아요!! 교자 많이 먹기 랭킹 이에요!!

홈페이지에서 봤는데 본점에는 교자 순위표 같은 게 있다면서요?

와~ 부추랑 달걀이 정말 잘 어울려요!!

그렇죠?

자극적이지 않고 부드러워요

무척 궁금했어요~

아하하

조용~~~
조금 무서운 가게였다.
1. 카메라를 테이블 위에 올려놨다고 혼이 남
2. 인원수대로 주문하지 않아서 혼이 남
3. 추가 주문을 해서 혼이 남
수차례 혼이 난 뒤 풀이 죽은 우리…
다음으로 하카타에서 엄청 유명한 음식점을 찾아갔으나…
자신 있으면 꼭 도전해 보시길! ☆
저, 평상시에 보통 사이즈로 20개 정도는 먹을 수 있는데.
젠토는 가능할까~?
유즈코쇼를 듬뿍 올려준 뒤 호호~ 불어가며 단숨에 뚝딱!
단골손님들의 말대로 교자 맛은 정말 최고!!!
두툼하고 향긋한 교자피 속에 육즙이 가득한 교자소!!
하하하…
사장님의 입은 거칠어도 음식 맛은 좋아요.
하지만 단골손님들은 다 알고 있는 듯…
가엾다는 듯 바라보고 있는 옆 테이블의 샐러리맨들
밤거리의 휘황찬란한 네온사인에 심장이 콩닥콩닥…
나카스의 밤은 여성이 도전하기엔 난이도가 조금 높긴 하지만 …
그리고 다음으로 찾아간 곳은 큐슈 최고의 환락가, 나카스!
교자는 정말 맛있었지만 …
'맛있는 교자를 집중해서 먹는 가게'라는 느낌이었습니다.
후우… 정신적으로 조금 피곤했어…

남자들이 밤에 놀러 가기 전에 이곳에 와서 에너지를 보충한다고.

餃子 專門店 宝雲亭

宝雲亭

도착한 곳은 바로 여기!!

호운테이

한입교자의 본고장. 지금은 호운테이에서 수련한 제자들이 차린 가게가 큐슈 여기저기에 퍼져 있다.

하지만 여기도 절대 빼놓을 수 없는 가게예욧!!

정말 맛있나봐…

기본 반찬인 초곱창을 먹으면서 기다립니다

그런 말을 들으니 더욱 기대돼요.

지금은 호운테이에서 배운 제자들이 차린 가게가 큐슈 각지에 퍼져 있을 정도예요.

풋콩

초곱창

여기가 한입교자를 처음 선보인 곳이에요.

1949년 호운테이의 전신 식당 설립자가 중국에서 먹은 몽골만두를 재현한 것이 그 기원이라고.

한입교자 중에서도 상당히 작은 편이어서 귀여워요!

이 달콤한 맛은 양파인가요?

맞아요. 마늘을 넣지 않아서 단맛이 더욱 강하게 느껴지죠.

이건 2인분

노릇노릇

기다리던 교자가 나왔습니다.

성인 엄지 정도의 크기

야키교자 10개 ¥550

술을 즐기는 사람이라면 분명 좋아할 만한, 매콤한 맛과 유자 향이 매력적인 소스입니다.
그리고 이 빨간 유즈코쇼를 곁들이면 색다른 맛을 느낄 수 있어요.
2, 3인분은 뚝딱 해치우겠어요.
세 번째 집인데도 쭉쭉 들어가네요.
역시 여기엔 맥주가!
이것 좀 봐요, 이게 나예요~
사장님의 사진이 실린 잡지도 보여 주셨습니다.
멋지세요~~
오이의 단면이 신사의 문장(紋章)과 비슷하기 때문이죠.
축제 중에는 오이를 먹으면 안 돼요.
때마침 야마카사 축제 기간이기도 해서 사장님이 많은 이야기를 해주셨는데
하카타 기온 야마카사 축제
하카타 돈타쿠와 함께 하카타를 대표하는 축제로 매년 7월 1~15일에 개최된다.
한입교자는 크기는 작지만 맛의 위력은 대단했습니다.
하카타 사람이 된 듯한 기분을 느낄 수 있죠.
지금까진 밥반찬으로만 먹었는데 술안주로도 좋네요.
먹는 양을 조절하기도 쉽고...
이런 친절한 사장님이 계시기 때문일까. 여성 손님들도 꽤 많았습니다.
깔깔깔
여러 명이 함께라면 여성분도 편하게 올 수 있을 듯.

집에 돌아와서
한입교자를 직접
만들어봤지만
점수는 약 40점…

내용물이
삐져나오지
않게 감싸는 게
어려워…
찢어질 것 같아…

너덜너덜

교자를 작게
빚는 건
어렵구나

교자는 작아야 제맛!

하카타의 명물, 한입교자. 일설에 의하면 성격이 급한 하카타 사람들이
한입에 빨리 먹을 수 있는 크기로 만든 것이 한입교자의 기원이라고.
한입교자는 약 5cm로, 크기는 작지만 소에 육즙과 각종 재료들이 꽉 차 있어서
한입에 쏙 넣어 먹으면 교자의 맛을 제대로 즐길 수 있다.
교자피는 노릇노릇 바삭바삭한 타입과 부드러운 타입, 쫀득한 타입 등 종류가 다양하다.
여러분의 취향에 맞는 한입교자를 만날 수 있기를!

Spot Data

테무진 케고점
テムジン 警固店

福岡市 中央区 大名1-5-5
☎092-713-7998
17:00~24:00(금, 토, 공휴일
전일~다음 날 03:00)
연중무휴

호운테이
宝雲亭

福岡市 博多区 中洲2-4-20
☎092-281-7452
17:00~다음 날 01:30
연중무휴

부드러운 면발의 소울 푸드! 하카타 우동

◎ 카로노우론

◎ 우에스토우동야 텐진점

◎ 마키노우동 쿠코점

◎ 우동 타이라

맛있어요~!!
하카타 하면 라멘 아닌가요?
에~~
말도 안 돼.
하카타 사람들은 우동을 무척 좋아해서 평상시에도 즐겨 먹는답니다!
저도 라멘보다 우동을 즐겨 먹어요
그리고 우동 하면
오사카
카가와
부드러운 국물이 끝내줘!!
사누키 우동!
엣?!
응애~!
정말이요?!
큐슈 출신인데 전혀 몰랐다!
후쿠오카가 일본 우동의 탄생지라는 사실을 알고 계셨나요?
줄을 서서 기다리는 동안 마스코트인 개구리가 마음을 평온하게 해줍니다
여기가 일본에서 가장 오래된 우동집이에요.
복고풍 전화기도 있음
역사가 느껴지네요
카로노우론
1882년에 창업한 전통 맛집. '카도노우동'이 사투리 때문에 '카로노우론'이 됐다고.
때마침 TV에서 방송된 직후에다 점심시간이어서
그런 까닭에 정확한 우동 정보를 얻기 위해 하카타 역에서 버스를 타고 이동!
줄이 엄청나!!!
!!!!!!!!!!!!!
かろのうろん
몇 분 정도 지나 나카스 근처에 있는 가게에 도착했습니다.
사누키 우동과는 정반대네요.
하카타 우동은 면발이 부드러운 게 특징이에요.
호오~
만화가 하세가와 호세이 씨는 하카타 출신이에요!
곳곳에 일러스트~
으응...
아, 만화책 『터치』에서 본 적 있는 그림...
가게 안으로 들어서자 어디선가 본 듯한 그림이!!
엣! 그렇군요!

*우스구치 쇼유: 색은 진하지 않지만 식염 함유량이 2% 정도 높은 간장.

!
아삭!
우엉튀김우동 ¥500
자자, 내 거 먹어봐요 ~
감사합니다~
앗!! 우엉튀김 우동으로 할걸…
그런 건 미리 말해주세요오~~!
에엣…!
찌릿…
하카타 우동은 우엉튀김이나 마루텐이 고명으로 올라가는 게 독특해요.
마루텐은 둥글넓적한 어묵
자, 전통 우동집의 맛을 봤으니, 이젠 신세대 우동집으로 가볼까요?
마음도 포근해지고 정겨운 기분도 느꼈습니다.
목조 건물 등 시골 할머니집 같은 분위기 덕분에
얇아서 향도 진하죠?
입안에 넣었을 때 식감이 가벼워서 우엉칩을 먹는 것 같아요.
우에스토는
언제나 우리 곁에!!
우에스토는 후쿠오카 사람들에게 소울 푸드가 아니라 '소울' 그 자체인 가게예웃!!
열혈 팬 이시네요 ~!
아하하
年中無休
うどん居酒
우에스토우동야 텐진점
후쿠오카 사람들이 즐겨 찾는 우동집으로 24시간 영업한다. 우동집 외에도 야키니쿠 우에스토, 샤브샤브 우에스토도 있음.
꽤 가까운 텐진으로 이동합니다.
여기예요.

학생이나 혼자 온 여자 손님도 부담 없이 들어갈 수 있는 밝고 개방적인 분위기입니다.

시끌 시끌

오옷!

중학생들도 있네요.

아직 낮이지만 이런 이야기를 나누며 가게에 들어서니

패스트푸드점 같은 느낌?

맞아요. 싸고 맛있어서 모든 세대에게 인기가 많아요.

하카타 사람들의 음주법

술을 마신다

포장마차와 비슷하네요.

포장마차   우에스토에서 우동 한 그릇

2, 3차는 기본

둘 중 하나로 흘러가는 것이 보통

술 마신 다음 날 자주 가죠.

우에스토의 인기 믹스 토핑

1위   2위   3위

고기 +우엉튀김   우엉튀김 +마루텐   새우튀김 +달걀

하지만 일단 맛부터 확인해 봐야지!

우응흥!...

이번에는 우엉튀김이 들어간 걸로!

믹스 토핑 중 가장 인기 있는 고기+우엉튀김 우동으로 해야지~!

이자카야도 같이 하고 24시간 영업하는 것도 매력적!

런치라지만 꽤 저렴한 가격이네요.

카케 우동이 280엔! 요일별 할인 메뉴도 있어요.

메뉴를 보니

음, 시간에 쫓기는 샐러리맨들이 만족할 만한 속도군요.

셀프로 파와 튀김 부스러기도 넣을 수 있다

큼직한 우엉튀김

3~4분 뒤…

엄청 빨라!!

고기

고기+우엉튀김 우동
¥590

채소튀김 우동 ￥390
나눠주셨음
자자, 내 거 먹어봐요.
… 감사합니다.
채소튀김은 접시에 별도로 담겨 나온다
그런 건 미리 말씀해 주셔야죠~
여긴 채소튀김이 맛있어요.
앙앙~
우엉튀김은 크고 씹는 맛도 상당하다.
여, 여기 우엉튀김은 꽤 크네요…
나는 얇은 게 맞는 것 같아…
면발은 탱글탱글 하고
아득아득
우엉!!
안정적인 가게 운영으로 후쿠오카 사람들의 마음을 꽉 잡고 있었습니다.
싸고, 빠르고, 맛있고!! 삼박자가 고루!
잘 먹었습니다
체인점이라고 우습게 봐서는 안 되겠어요.
몸에 좋은 카놀라유로 튀긴다고 합니다.
튀김은 바삭하고 소금 간이 돼 있어 국물하고도 잘 어울려요!
창밖으로 이착륙하는 비행기가 보입니다.
부웅~!
★ 연회장처럼 널찍!
★ 테이블석도 있음
가게 위에 전망대가 있는데 식사하고 가볼까요?
아이들이 정말 좋아하겠어요~
도착한 곳은 후쿠오카 공항 맞은편에 위치한 가게.
牧のうどん
마키노우동
부드럽고 두꺼운 면발이 특징. 부드러운 면발, 보통 면발, 딱딱한 면발 중 선택. 체인 사업 추진 중.
다음 가게로 가기 위해 일단 하카타 역으로 가서 버스를 타고 후쿠오카 공항 쪽으로 향합니다.
20분 정도

밥 포함
*죽
*닭고기밥
*흰쌀 주먹밥 2개
* 유부초밥
4가지 중 하나를 선택할 수 있다
산마
두둥~!!
화려하고 푸짐하게!!!
스페셜 우동
¥990
반숙달걀
새우튀김
반찬도 같이 나온다
그 휘황찬란한 우동이 바로 이것!
고기
김치
오옷! 휘황찬란한 우동이!!
우동은 어떤 걸로 할래요?
펄럭!
그게 마키노우동의 특징이에요.
부드럽고 맛있는데 존재감도 확실하네요. 입속이 우동한테 지배당했어요.
그리고 또 하나 …
냠냠
이 집 면발
두꺼워 !!
단면이 7mm 정도 됨!
우동이 불어나는 걸 전제로 한 발상이 재밌다!!
불어나라, 불어나라~! 먹어도 먹어도 계속해서 불어난다~~!
우동이 완성된 순간부터 면발이 국물을 빨아들이면서 불어나기 시작하죠.
가득가득
정말 줄지를 않네요.
여기 우동은 찬물에 헹구지 않습니다.
마키노우동 하면 바로 이거!
짜자잔~!
추가 국물!!
귀여운 미니 주전자
아, 살짝 궁금했어

짜자~안!!
숨은 메뉴는 바로 죽!
달걀이 들어 있음
다른 재료는 넣지 않음
진한 국물
숨은 메뉴
죽
￥280
※메뉴에는 없습니다
그리고 또 다른 요리!
후후! 숨은 메뉴를 주문해볼까요!
씨익~
가정에서는 먹기 힘든 깊은 맛을 즐길 수 있습니다.
스페셜 우동의 죽 버전?
고기 육수와 김치 국물도 넣었다고 해요.
음~ 참마도 들어 있네요~
알갱이가 씹혀요
또 뭐든지 넣으셨군요 (^^:;)
죽이라 맛이 밍밍할 거라고 생각했는데 상당히 진하다.
육수 맛이 엄청 진해요!
맛있어!!
맛있어 보이는 노란 빛깔
우와! 생각보다 색이 진해~!!
다시 흔들흔들 버스를 타고 하카타 역으로 돌아왔습니다.
마지막은 하카타 우동으로 마무리 하려고 합니다.
드디어 우동 투어도 마지막을 향해~
확실한 마무리!
그런데 배가 빵빵...
돌아오는 길에 전망대에도 올라가보고
여기
정말 신나!!
기체 글씨까지 다 보여요!
끼야~ 헬리콥터다!!

조용…
만석인데 이렇게 조용할 수가…
안으로 들어서자 배경음악도 없는 조용한 가게에서 손님들이 묵묵히 우동을 먹고 있었습니다.
점원 아주머니의 목소리만 들림
어서 오세요
오래 기다리셨습니다
…
혼잡할 때는 합석을 합니다

우동 타이라
하카타 역 바로 근처에 있으며 심플한 맛의 우동이 인기.
우동 투어의 대미를 장식할 곳은 바로 여기!
うどん平

빨리 먹고 싶당~
여기서 꼭 먹어보고 싶었던 우동이 있는데…
새우 우엉튀김우동
후후후…
인터넷에서 찾음

조용…
고요한 가게 분위기에서 이곳 우동에 대한 손님들의 마음을 엿볼 수 있었습니다.
지금 우리 머릿속엔 우동뿐이닷!!
그만큼 우동에 집중하게 돼요.
특별히 잡담 금지인 것 같지도 않은데…

맑은장국
연한 갈색을 띤 마루텐
하지만 하카타 우동의 대표 메뉴 중 아직 맛보지 않은 게 바로 이것!!
먹어보고 싶었어!
마루텐 우동
¥350

한 발 늦었다…!
새우가 다 떨어졌어요 ㅜㅜ
죄송합니다.
으앙~

마루텐은
보들보들~

장국이
스며들어서
어묵이 더욱
달게 느껴져요.

덥
석

사장님이
열심히 면을
뽑고 계심

주 욱 ~

두께도
적당해서 먹기
편해요.

후루룩~
면발의 촉감이
좋아요.

맛있고
수준 높은
우동!
잘
먹었습니다.

산뜻하고
매콤한 뒷맛!!

그런
고집
스러운
장국에는
유즈
코쇼가
딱!

꿀꺽꿀꺽

유즈코쇼

반짝반짝
예쁜
황금색

다시마와
가츠오부시,
간장으로만
국물 맛을 낸다고
해요.

사장님의
고집이
느껴지네요.

맛있는
우동집이
많은
후쿠오카에
사는
사람들이
부러워
졌습니다.

'후쿠오카=우동'
이라고 입력 ♡

후쿠오카
사람들의
우동 사랑을
실감하는
한편

라멘은 딱딱한
면발을, 우동은
부드러운 면발을
선호하는 게
재밌네요.

각각
특징 있고
개성 강한
맛이었어요.

아하하!

우동을 먹을 때 꼭 같이 먹고 싶은
카시와고항, 일명 닭고기주먹밥

라멘보다 우동을 사랑하는 하카타 사람들

하카타 사람들이 특히 사랑하는 우동! 타지 사람들은 의외라고 생각할지 모르겠지만,
라멘보다는 우동을 즐긴다. 그리고 메밀국수보다도 역시 우동을 택하는 것이 하타카 사람들이다.
하카타 우동은 면발이 부드러운 것이 특징이다.
가게마다 차이는 있지만 대개 20분 정도 삶아서 면을 부드럽게 해둔 뒤
주문이 들어오면 1~2분 정도 데워서 손님에게 낸다.
또한 사이드 메뉴로 '닭고기주먹밥'도 빼놓을 수 없다. 이것은 타키코미고항(각종 재료를 넣어
지은 밥)을 주먹밥으로 만든 것으로, 대부분의 가게에서 판매하고 있다.

Spot Data

카로노우론
かろのうろん

福岡市 博多区 上川端町2-1
☎092-291-6465
11:00~19:00
화요일 휴무(공휴일인 경우 영업)

우에스토우동야 텐진점
ウエストうどん屋 天神店

福岡市 中央区 天神2-3-10
☎092-737-2011
24시간 영업
연중무휴

마키노우동 쿠코점
牧のうどん 空港店

福岡市 博多区 東平尾2-4-30
☎092-621-0071
10:00~23:00
셋째 주 수요일 휴무

우동 타이라
うどん 平

福岡市 博多区 博多駅前
3-17-10
☎092-431-9703
11:30~18:30(토 ~15:00)
일요일과 공휴일 휴무

초밥에 반하고
카쿠우치에 취하다!

세련됐지만
인간미 넘치는
코쿠라의 맛집

◎ 텐즈시 쿄마치점

◎ 모리타

◎ 아카카베사케텐

◎ 스에마츠사케텐

회전 초밥집이 아닌 곳은 처음이라 콩닥콩닥.
초밥 이야기에 푹 빠진 자매님들
하지만 나는…
전에 먹었던 초밥 말이야~
키네자와 초밥이~
나만 수준이 안 맞는 건 아닌지 걱정이…
기대되긴 하지만
잘 모를 땐 다른 사람들이 하는 대로 따라 해야지…
하아…

이번에는 넷이 함께, 맛집 탐방을 떠납니다.
편집부 H씨
키타큐슈의 코쿠라에 찾아왔습니다.
담당 편집자 가토 씨
초밥 하면 고쿠라죠!!
와~!! 초밥이다, 초밥!!

술은 팔지 않으며 초밥에만 집중해 즐길 수 있습니다.
주방 보조 종업원
어서 오세요~
들어가 보니 카운터석 5개가 전부!!
주방장 아마노 이사오 씨
우와, 우리뿐이야!
안녕하세요?

우리가 찾아간 곳은 코쿠라 역에서 조금만 걸어가면 보이는 이곳.
텐즈시 코마치점
75년 전에 개업. 키타큐슈의 생선 맛을 최대한 살리기 위해 소금과 스다치(영귤)로 먹는 것이 이 집만의 스타일.

손님을 위한 마음 씀씀이가 전해져 초밥에 대한 기대감도 커집니다.
초밥 중간 중간에 나옵니다
신선해
보슬보슬한 가루 소금이 맛있다
아삭 아삭
기본 반찬으로 나오는 오이는
물수건에서는 은은한 유자 향이~
앗, 기분 좋아
상쾌해~

여기에 초밥을 올려준다
반짝반짝
처음 보는 광경에 놀랍고 걱정스러웠지만…
초생강
① 초밥을 먹고
② 손가락을 씻고
③ 작은 물수건으로 닦는다
물이 나오고 있어…
오오…

이제껏 먹어왔던 참치와는 차원이 너무나도 달라 쓰러지기 일보 직전.
혀에서 사르르 녹아내려…
아… 예쁘다!!
투명하고 붉은 참치
부드럽게 쥐었어
샤리(초밥의 밥)는 매우 작은 사이즈
작은 초밥 안에 맛과 멋이 응축돼 그야말로 보석 같았습니다
우선 참치부터!
간이 된 거니까 그냥 드세요.

마치 마법 같아.
끈끈한 오크라와 소라의 오독오독한 식감을 동시에 즐길 수 있다.
두툼하고 달콤한 가리비살과 소스의 단맛이 어우러져 입안에서 사르륵 녹아내리는 맛.
소라초밥
가리비초밥
오징어초밥
샤라라락~
생김새는 단연 최고! 반짝반짝 날치알과 모양을 낸 오징어가 마치 파도치는 모습을 축소해 놓은 것 같다.
그리고 계속해서 주방장님의 손끝에서 보석이 만들어져 나왔습니다!!
와~~
행복에 취해 있음

주방장님의 고집이 전해집니다.
전부 똑같은 맛이면 재미없잖아요.
간장 소스를 사용하지 않는다는 점에서
재료 본연의 맛을 좀 더 깊이 느낄 수 있어서 좋아요.
강한 맛 뒤에는 산뜻한 초밥을 내는 등 모든 초밥은 균형을 생각해서 만들고 있습니다.
우와, 신기해…
여러 가지 빛깔의 깨
채소로 색과 맛을 낸 깨. 쿄토의 비단시장에서만 판매한다
도미초밥
다양한 조미료로 맛을 내며
전갱이초밥
가루간장
분말 상태의 독특한 간장

주방장님인 아마노 씨는 손님들을 세세하게 신경 써주시는 친절한 분.
허허허…
손님이 편안히 머물다 갈 수 있도록 신경 써주고 계셔!
속도는 어떠세요?
밥 크기도 조절할 수 있으니까 말씀하세요.
초밥집 주방장 하면 무서운 이미지가 있었는데
전혀 질리지 않습니다.
그런 이유로
다음에는 어떤 게 나올까?!
콩닥콩닥
앞으로 쑤욱
귀여운 선물이네…
열심히 일한 자신에게 주는 선물이라며,
그중에서도 한 손님의 에피소드가 가장 인상 깊었습니다.
우와~ 40개!!
1년에 한 번 찾아와서 40개 이상 먹고 가는 여성분도 계세요.
축제 이야기
다양한 주제로 이야기 해주셨는데…
기온 축제는 꼭 참가해야죠.
취미 이야기
물고기를 좋아해서 예전에 수중 촬영을 자주 했죠.
초밥집 이야기
거기 주방장한테는 신세를 많이 져서…
가게는 빌딩 2층에 있습니다.
寿司 もり田
모리타
'코쿠라에서 초밥 하면 바로 이곳!'이라는 인기 가게 중 한 곳.
위장에 여유를 남겨둔 채 걸어서 헤이와도오리 역에 있는 다음 가게로 향했습니다.
나선형 계단이라 조금 찾기 힘들다
다시 먹으러 올 수 있도록 열심히 일하자!!
이런저런 이야기를 들으며
새로운 목표가 생겼습니다.
참고로 가격은… 주방장 추천 초밥 10개 ¥15000~ (낮과 밤 가격 동일)

3명의 초밥 장인이 초밥을 만들고 있다
아들
초밥 장인
그런 주방장님의 초밥을 먹기 위해 홋카이도나 도쿄에서 찾아오는 팬들도 많으며
이날도 4대째 단골이라는 손님이 오셨습니다.
단골손님

모리타 씨는 80세에 가까운 연세이지만 현역에서 초밥을 만들고 계십니다.
어서 오세요
카운터석 8개

이곳은 앞서 소개한 텐즈시의 선대 주방장님의 첫 번째 제자가 초밥을 만드는 곳.
텐즈시 선대 주방장
첫 번째 제자
아들들
형
동생
'모리타'의 모리타 씨
텐즈시의 아마노 씨
모리타 씨가 기저귀를 갈아주셨죠.

날치알
그 시기에 가장 맛있는 지역의 성게를 들여온다고 합니다.
이건 아이노시마에서 생산된 성게라고.
푸짐하게 올린 황금색의 성게

초밥은 전부 맛있지만 그중 특히 성게 초밥이 일품!
성게의 달콤하면서도 깊은 맛에 혀가 기뻐하고 있어요!!
이 행복감을 뭐라 말로 표현할 수가 없네요…
검은 접시에 놓아 주십니다

그렇게 성게초밥에 감동하고 있는데 성게의 산지인 아이노시마에 관한 기사를 보여주시거나 하면서
아이노시마: 키타큐슈 시 코쿠라키타 구에 위치한 인구 약 300명의 섬
생글 생글
감사 합니다
부담스럽지 않게 신경 써 주셨습니다.
기사에 따르면 신선한 어패류가 많이 나는 아이노시마에는 고양이들이 엄청 많다고…

다른 초밥에도 성게를 장식으로 올려주십니다.
미니 성게가 귀엽다…
키조개초밥
오징어초밥

*모미지오로시: 무즙을 홍고추로 물들인 것.

술집 앞에 서서 술을 마시는 거예요.
카쿠우치? 그게 뭐죠 …?
카쿠우치를 할 수 있는 술집으로

여기도 걸어서 갈 수 있는 곳입니다.
'키타큐슈의 주방'
이라고 불리는 전통 시장 (폭 2m 정도)
くすり
薬品
鮮魚
자, 이번에는 분위기를 확 바꿔서 단가이치바로 가보겠습니다.
과일, 생선, 건어물, 반찬 등 없는 게 없네~

그리고 시장의 활기찬 분위기 속에 자리 잡고 있는 곳이 바로 여기!
あかか~
아카카베사케텐
전통 있는 술집으로 현재는 4대째인 여사장님이 가게를 꾸려가고 있다. 일본 전통주 종류만 해도 20가지가 넘는다.

카쿠우치의 유래
꿀꺽
원래는 네모진 되의 모서리에 입을 대고 술을 마시는 것에서 술집의 한 모퉁이에 서서 술을 마시는 것으로 의미가 변했음.
1901년 야하타 제철소 건립을 계기로 3교대로 일하는 근로자들이 언제든 술을 마실 수 있는 휴식 공간을 원하면서 널리 퍼지게 됐다고 합니다.
코쿠라를 비롯해 키타큐슈에는 카쿠우치가 가능한 술집이 180개 정도 된다고 합니다.

술과 안주는 냉장고에서 손님이 직접~
카운터에도 꼬치구이, 달걀말이, 전갱이튀김 등의 안주가 마련돼 있다
안주 진열장에는 츠케모노, 락교, 냉토마토 등등이…
술은 입구에 있는 냉장고에서 꺼낸다

근처 우동집 사장님
일을 마친 젊은 오빠
강아지와 산책 중인 아주머니
주변 사람들이 가볍게 들렀다가 갑니다.
맥주 2병 가지고 갈게요
코쿠라 연병단의 마굿간 목재로 인테리어를 한 가게 안에는 각종 술들이 빼곡히~

허브주
¥300
달그락
상관
없으려나?
↓
멋스러운 잔
*럼 레이즌도
좋아하는
만큼 마실
수 있지
않을까…?
용기를 내
마셔보기로.
마시기
좋을
거예요.
우리는
럼주로
담가서
여사장님이
추천해주신
허브주.
허브주
자양강장에
좋다고 알려져 있다
(효과는 확실치 않음)
허브 ♥
힝익!
고등어
누카다키
¥300
안주 중에도
독특한 것이
누카다키
(겨를
이용한
생선조림).
코쿠라의
명물
이에요.
달콤
하고
맛있
어요.
아들도
뽀얀 피부
어머2
그런데
사장님
피부가 정말
좋으세요.
역시
술을
자주
마셔서
그런가요
?
하지만
역시 끝 맛에
알코올이
찌르르…
(허브의 효과
일지도).
크하~
…웁!
!
향이 달콤해서
여성들이
좋아할 것
같습니다.
아…
맛있어!
날름
왠지 카쿠우치에
와서 한층
여성스러워진
느낌
입니다.
빨리
써보고
싶어~
아름다운
피부를 위해
모두들 구입!
어머2
나
도
나
도
나도
나도
살래요.
효과 좋을 것 같아…♥
후쿠오카의 '이나다시게조'라는
술을 만들고 난 술지게미로
만든 비누
稲田重造
거품망이 함께
들어 있어
거품 내기 편리함
후웃…
밖에
놓여
있어요.
나는 술을
전혀 못
마셔요.
아마도
비누 덕분이
아닐까요?
비누?!
찌
릿
!

여기는 아저씨들의 낙원이었습니다.
독특한 친구들 이네~
자네들 술 마시러 온 거야?
100%
아저씨들의 낙원
문을 열고 들어 서자…
스에마츠사케텐
1914년에 창업. 기다란 카운터 앞에 손님들이 줄줄이 서서 술을 마신다.
Suemats
다음은 무라사키 강을 건너 찾아간 얼핏 평범해 보이는 술집.
키타큐슈 출신의 화가 마키노 이사오라는 술친구가 추천해준 곳이에요!
자네, 설마 임신한 건 아니지?
곧바로 돌직구를 날려주시는 아저씨…
빠직…
푸웁?!
← 최근 다시 살쪘다…
과묵하지만 친절해 보이는 스에마츠 노보루 사장님 ↓
시끌 시끌
이렇게 긴 카운터는 처음 보지?
노보루 짱은 잘 안 틀어 주는데.
여성분이 오니까 에어컨을 다 틀어 주시네.
역시 여자 손님은 별로 오지 않는 듯.
살짝 기가 죽은 우리…
꿀꺽…
일주일에 몇 번 정도 오세요?
음, 나는 일주일에 서너 번 정도?
그렇지. 다양한 직업을 가진 사람들이 모여서 재밌어요.
다들 사이가 좋아 보이세요…
안쪽에는 의자와 테이블이 있음 ↓
따뜻하게 맞아 주셨습니다.
의자에 앉아요.
여기 와서 마셔요.

마루텐
큼직
사장님의 특제 달걀말이
크기가 15cm 정도로 접시 밖으로 삐져나와 있음
달지 않아서 안주로 제격!
누카다키 (팩 타입)
안주류
¥150
마셔 마셔~
많이 먹어~
감사합니다
이렇게 예쁨 받는 건 처음이야…
아저씨들이 이것저것 음식도 챙겨주시고
중요한 정보 교환의 장이기도 합니다.
열흘 정도 얼굴이 안 보이면 '그 친구 죽은 거 아니야?'라고 생각할 정도지.
헛헛헛
아 하 하… 그렇군요
처음에는 낯설고 조금 무섭기도 했지만, 다들 친절하게 대해주셔서 정말 좋았어요.
후헤헤~ 맞아요.
헤롱헤롱
후후후후…
상당히 취했음
묘한 편안함마저 느꼈습니다.
낯가림이 심한 내가 이렇게 수다를 떨다니…
도중에 기분이 좋아져서
아 하 하 2 추 하 이
일본 전통주
키타큐슈는 요리도 맛있고 인정미도 넘치는 곳이었습니다.
촉촉~
키타큐슈 사람들은 손님을 참 편안하게 대해주는 것 같아.
오오~ 거품이 쫀득쫀득해서 효과가 좋을 거 같아.
0°
집에 돌아와 아카카베 사케텐에서 사온 비누로 세안을 하고 여자의 모습을 되찾았습니다.
일말의 불안감을 느끼며…
이 편안함
실은 나도 속은 아저씨인 거 아닐까…?
꿀꺽

『쿠모노우에(구름 위)』

가토 씨의 술친구인 화가 마키노 씨가 제작하고 있는 책자

창간호에는 스에마츠 사케텐도 실려 있다

가져가요?

스에마츠 사케텐에서 키타큐슈 시의 정보지인 『쿠모노우에』를 한 권씩 선물 받았습니다

완판된 책인데 여기에 재고가!!

이게 듣던 소문이로만…

키타큐슈는 초밥이 맛있다!!

키타큐슈는 삼면이 바다로 둘러싸여 있는 바다의 보물 창고로,
복어와 전갱이, 고등어, 성게 등 초밥 재료로 쓰이는 해산물이 풍부하다.
때문에 전국 각지에서 코쿠라의 초밥을 맛보러 일부러 찾아오는 사람들도 많다.
이런 사실을 익히 알고 있기 때문에 이번 취재를 위해 약 2개월 전에 예약 완료!
그럼에도 '모리타'는 오후 2시 이전의 예약이 이미 꽉 찬 상황이었다.
여러분도 맛있는 초밥을 즐기려면 미리미리 준비하시길!

Spot Data

텐즈시 쿄마치점
天寿し 京町店

北九州市 小倉北区 京町3-11-9
☎093-521-5540
12:30~15:30,
17:00~21:00(LO 20:00)
월요일 휴무

모리타
もり田

北九州市 小倉北区 魚町2-5-17
☎093-531-1058
11:30~15:00, 16:30~21:00
수요일 휴무

아카카베사케텐
赤壁酒店

北九州市 小倉北区 魚町4-5-4
旦過市場內
☎093-521-3646
9:30~19:00
일요일 휴무

스에마츠사케텐
末松酒店

北九州市 小倉北区 室町2-4-6
☎093-582-0001
15:00~21:00
일요일 휴무

장어구이덮밥의 본고장 야나가와 & 꼬치구이의 메카 쿠루메로 떠나는 맛집 여행!

◎ 사라야 후쿠류

◎ 간소모토요시야

◎ 야키토리 텟포

◎ 스미비쿠시야키 우에노

키타하라 하쿠슈: 1885년에 태어난 가수, 시인.
하쿠슈가 누구더라…?
그렇죠?
야나가와는 키타하라 하쿠슈가 태어난 곳이죠?
택시를 타고 가게로 이동 중.
까아~~ 정말 기대돼욧!!
나름 나들이용 복장으로 갖춰 입음
오늘은 야나가와에서 장어요리를, 쿠루메에서 꼬치구이를 먹을 예정이에요.
지쿠고 후나고야 역에서 만나기로 한 두 사람.
히라가 겐나이의 아이디어였다는 설이 있어요.
그런데 왜 장어를 먹는 거죠?
도요우는 입춘, 입하, 입추, 입동 전 18일간을 말함.
春=木 夏=火 秋=金 冬=水
1년에 네 번 있음
도요우노우시노히는 입추에 들어서기 18일 전으로 장어를 먹는 풍습이 있다.
도요우노우시노히란…
나는 어제 쉬는 날이었지만 아마 그랬을 거야.
어제, 손님 많으셨죠?
오늘은 '도요우노우시노히' 다음 날.
이런 이야기를 나누는 동안 야나가와에 도착했습니다.
택시로 30분 정도
당시 우시노히에 '우'자가 붙는 음식(우나기: 민물장어)을 먹으면 더위를 타지 않는다고 했대요.
히라가 겐나이, 대단한 사람이네요.
에도 시대의 장어구이집
히죽
짠~!
오늘은 우시노히
이걸 붙이고 영업해보게!
매출이 늘지를 않네
가게를 살릴 방법이 없을까요?
흠… 그럼다면…
우리도 따라 하자!
다른 장어구이집

*앙가케: 간장, 설탕, 식초에 전분을 넣어 걸쭉하게 만든 소스.

냉새만 맡아도 쓰러질 거 같아.
하아~~~ 좋은 냄새…
후아~~~
장어구이 세이로무시 (맑은국 포함) ￥2250
김이 모락모락
절임반찬
그리고 빼놓을 수 없는 요리, 세이로무시 주문!
가늘게 썬 달걀지단
장어간을 넣어 끓인 맑은국
민물장어의 맛을 만끽하고 싶어!!
현지 최고급 간장으로 만든 소스
밥도 담백하게 양념해서 술술 잘 넘어가요!
장어가 보들보들 해요~
절로 미소가 지어지는 맛
빙그레
…
…
아~앙
끝까지 따뜻하게 먹을 수 있어 나처럼 먹는 속도가 느린 사람에게 딱!!
30분이 지나도 따뜻함이 유지되죠.
따끈 따끈
세이로
후~후
민물장어의 맛과 향이 달아나지 않게 꽁꽁 가둬야지
세이로무시는 소스로 양념을 한 밥에 장어구이와 가늘게 썬 달걀지단을 올린 뒤 세이로에서 쪄내는 요리를 말해요.
야나가와 장어구이집의 특징은 바로 이 세이로무시 입니다.
세이로가 맛의 비결이네요

우나기메시 지도
야나가와에서 세이로무시를 파는 맛집 22곳에 대한 정보가 실려 있다(관광안내소 등에 비치)
이 우나기메시 (장어덮밥) 지도, 편리하네요.
보기 쉽게 돼 있네요.

이번에는 또 다른 장어구이집을 찾아 비교 체험해 보겠습니다.
장어구이집 순례는 처음이자 마지막 경험이 될지도…
하아
4.5km 정도 떨어진 곳이어서 이번에도 택시를 타고…

간소모토요시야
300여 년의 역사를 가진 세이로무시의 본고장. 모든 요리 과정은 수작업으로 이뤄진다.
이런 이야기를 나누는 사이 간소모토요시야에 도착!!
이엉으로 덮인 지붕이 독특하네요.
장어를 굽는 연기
와아~ 옛날 이야기에 나오는 집 같아!

⑯ 사라야 후쿠류
맛 그래프
담백 ←→ 농후
이 맛 그래프 재밌어요!
좀 전에 다녀온 후쿠류는 담백한 쪽인가?
이걸 보니 여러 가지를 비교하며 먹어보고 싶어져요~
지갑이랑 위장에 여유만 있다면 (웃음)

초보 방문자 두 명
상당히 배가 부른 상태라 요리를 하나만 주문해 나눠 먹었으면 했지만…
하나만 시키는 건 미안하니까 제일 비싼 걸로 할까요…?
가격이 꽤…
꿀꺽…

정원이 보이는 독실로 안내받았습니다.
여긴 분명 대단한 사람들만 오는 곳이겠지…
콩닥 콩닥

향긋한 장어구이에 산뜻한 맛이 더해져서 맛있어요!
장어와 오이로 만든 초무침을 '우자쿠'라고 하는군요.
처음 먹어봐~
절임 반찬이 나온 뒤 시로야키 오로시를 가져다 주셨습니다.
시로야키 오로시는 맛이 담백하고 고급스러워요.
"쩝"
샤랄라~~
하에 정식 ¥5600
고심 끝에 결정한 요리가 바로 이것!
기모스이 (장어간을 넣고 끓인 맑은국)
디저트
우자쿠 (민물장어와 초무침)
시로야키 오로시 (생선구이에 무 간 것을 곁들인 것)
절임반찬
특 세이로무시
제가 만약 장어라면 세이로무시가 될 거예요!
게다가 장어는 한 마리 한 마리 숯불에서 직접 굽는다고 해요.
니도무시 (두 번 찜)
처음에는 소스+밥, 두 번째는 소스+밥+장어구이+달걀지단을 넣고 찐다고.
아, 장어님...
녹살아살요
밥도 두 번 쩌서 그런지 폭신폭신 하네요.
살이 부드럽고 촉촉해요~
두근두근
그리고 드디어 세이로무시 등장
냠~
나눠 먹기 좋게 주걱을 주셨다
몸보신 했네요!
맛있는 장어요리를 잔뜩 먹었으니 더위 탈 걱정은 없겠어요.
아하하
향긋한 산초 향이 식욕을 자극합니다.
산초를 뿌려 먹으면 더 맛있어요.
숙숙...
여기까지 좋은 냄새가 나요~
<재채기 대마왕>에 나오는 마법 항아리처럼 생긴 용기
향긋

열 몇 척 정도의 배를 띄운다고 한다
천황, 황후
궁녀들
축제 행렬에 참가한 어린이들
오밀 ↓ 조밀
보고 싶어~~!!
우와, 멋져요~!
기모노를 입은 여자들이 수상 퍼레이드를 해요.
뱃놀이 하면 봄에 하는 '사게몬 메구리'가 최고죠!
오늘은 좀 덥네요.
마음은 잘 알겠지만...
가게 앞에는 야나 강이 흐르고 있습니다.
아, 나도 뱃놀이 하고 싶당 ~~
쿠루메는 원래 정육점과 내장 가게가 많은 지역이어서 꼬치구이 가게를 개업하기 쉬웠던 거죠.
공장 근로자들이 일을 마치고 난 뒤 포장마차에서 꼬치구이를 먹었다고 해요.
원래는 포장마차였군요
쿠루메는 고무 산업으로 번창한 마을입니다.
다음에는 꼭 뱃놀이를 해보겠다고 다짐하며 니시테츠 전철을 타고 쿠루메로 이동합니다.
쿠루메는 꼬치구이의 격전지라고 합니다.
꼬치구이집
꼬치구이집
니시테츠의 쿠루메 역에서 걸어서 갈 수 있는 거리에 우리의 목적지가 있었습니다.
정말 많다!!
우와!
가장 안쪽에 있는 집이에요.
카페에서 한숨 돌린 뒤 꼬치구이를 먹으러 출발~!
너무 과식 했더니...
괜찮아요?
으윽
배, 배 속에서 쌀이 불어 나서~
배가 너무 불러서 더 이상 먹을 수가 없어요.
쿠루메에 도착했으나...
그럼, 잠깐 쉬었다 갈까요?

J-Pop이 배경음악으로 흐르는 캐주얼한 이자카야 같은 분위기.
철판구이랑 디저트도 있어요
우와! 요리 가짓수가 100가지도 넘어!!
하카타보다 초소스가 단 것 같아요.
이음~
남쪽으로 내려 올수록 단맛이 강해지는 걸까?
와삭 와삭
기본 반찬인 양배추샐러드
마키모노쿠시의 발원지라고 불리는 바로 이곳!
焼とり 鉄砲 本店
야키토리 텟포
1979년에 창업. 창업자가 호텔에서 수련하던 시절에 아스파라거스에 삼겹살을 만 마키모노쿠시를 개발했다고.
츠쿠네
갈매기살 (특제 육수를 사용)
아스파라거스 말이
파말이
팽이버섯 말이
차조기 말이
닭날개
텟포 코스
갈매기살
팽이버섯말이
츠쿠네
차조기말이
아스파라거스말이
파말이
닭날개
각 1개씩 총 ¥1180
그래서 주문한 메뉴!
1개 정도 이득임!
추천 메뉴는 뭔가요?
꼬치구이를 드실 거면 텟포 코스가 좋아요.
환상의 콤비예요~!
아스파라거스 말이는 겉은 아삭하고 속은 보들보들해서 씹는 맛이 좋네요.
맑은 연둣빛이 아스파라거스의 신선도를 말해주네요.
소문으로만 듣던 아스파라거스 말이는…
연둣빛 아스파라거스가 살짝 보인다 ♡
엄선한 삼겹살을 사용한다고
아스파라거스말이

특히 인상적이었던 것은
팽이버섯말이!
끝부분이
노릇
삐져나와 있는
팽이버섯
팽이버섯말이
기름기가 좔좔
흐르는 삼겹살

위장 부활 선언!
우와~!
너무 맛있어서
계속 먹을 수
있겠어요!!
난 배가
꽉 찼어요
대단해!

코스와는 별도로
먹어보고 싶던
양상추
치즈말이도
주문!
치즈
양상추
삼겹살
양상추
치즈말이
¥200
메뉴에 '인기'
표시가 돼 있음

뻑 뻑!!
입안에서
톡톡 터지는
버섯의
식감이
좋아요~
간장으로
간을 한 버섯과
고기 육즙이
어우러져
엄청 촉촉해!
토독토독

드디어
오늘의 마지막
집을 향해
출발합니다.
거기에서
친구와 합류할
거예요
택시를 타고
이동

양상추+치즈+삼겹살
=틀림없는 조합!!
양상추가
아삭아삭해~
이건 분명
여자들이
좋아할 만한
맛이야!!
흘러넘치는 치즈

안녕하세요?
여기서 요우코 씨의 친구인 M씨와 합류했습니다.
M씨는 요우코 씨의 동급생으로 구루메에 거주하고 있음
처음 뵙겠습니다
바로 옆에 소방서가 있음.
소방서
우에노
왠지 안심이 되네요.
도착한 곳은 여기!
炭火串焼 うえ野
스미비쿠시야키 우에노
부부가 경영하는 꼬치구이집. 아버지가 운영하는 '야타이 킹'의 방식을 따르고 있다.
맛있겠다♡
다루무나 헤르츠는 독일어 아닌가요?
큼직하고 두툼한 고깃살. 기본 소금 간
쿠루메의 명물 꼬치구이 세트를 주문했습니다.
센뽀코 (소대동맥)
삼겹살
닭고기
쿠루메 명물 꼬치구이 세트 1인분 ￥580
※이건 3인분 →
양배추가 곁들여져 있다
헤르츠(닭염통)
다루무(돼지곱창)
이것이 바로 쿠루메의 명물 다루무!
양파
소금 간이 강하다
우에노에서는 돼지대장을 사용한다
다루무
쿠루메의 꼬치구이 명칭
다루무 → 돼지곱창
센뽀코 → 소대동맥
헤르츠 → 염통(소, 닭, 돼지)
꼬치구이를 의료 용어로 주문한 게 시초래요.
1928년 쿠루메 시에 의료전문 학교가 생겼는데 당시 의대생들이
왠지 있어 보이네요~

두께 4mm 정도
양파
센포코
소대동맥
꼼꼼하게 씻은 뒤 삶아서인지 전혀 냄새가 나지 않았습니다.
어떤 맛일지 궁금했던 센포코는…
부드러워서 먹기 좋아요.

특별히 서비스로 주셨습니다.
우에노 카즈히사 점장
오늘은 센포코 스모노가 있는데 한번 드셔보세요.
드셔보세요
와~~!!
그랬더니 점장님이
씹는 맛이 좋아요.
층이 있어서 식감이 독특해요!!

얼마 전 맛집 책에 우리 집이 실렸어요.
맛집 탐방을 하고 있다고 하자 점장님이 꼬치구이 맛집 책을 가져다주셨습니다.
쿠루메 꼬치구이집의 대표네요!
와~! 꼬치구이 맛집 책!!
경수채 · 양파 · 오이
안줏거리로 딱이에요.
산뜻하고 깔끔한 맛이에요.
꼬들꼬들해서 질리지 않아요.
식초랑 잘 어울려요
시끌 시끌

가쿠니 쿠시가 맛있어요.
사장님 부인
이런 이야기를 나누며 다른 메뉴도 먹어 보기로~
여기 추천 메뉴는 뭔가요?
부인과 함께 33년째 가게를 운영하고 계신다.
우에노 씨의 아버지는 '야타이 킹'이라는 유명한 꼬치구이 포장마차를 하고 계세요.
호오~
그래요?
이건 인기가 없을 수가 없네요~!
달콤짭짤한 소스가 배어 있어서 고기가 보들보들해~
주룹
큼직한 고기!!!
그래서 주문한 가쿠니쿠시!
겨자
소스가 살짝 그을린 모양에 군침이 돈다 ☆
가쿠니쿠시 (돼지고기조림 꼬치) ￥250
후쿠오카의 다양한 매력을 느낄 수 있어서 정말 좋았어요!
대대로 이어져 내려온 그 지역만의 맛은 타지 사람들에게 무척 매력적이네요.
어른이 된 기분에 황홀~ 이미 어른이지만…
모든 요리가 두툼해서 포만감이 있어요~
우와~ 배부르다!
맞아~
뿔뿍
후~

야나가와의 땅을 파서 만든 수로변에는
생선 가게가 몇 곳 있습니다

텐진에서 전철로 한 시간!
쿠루메와 야나가와 맛집 탐방

일본에서 가장 대중적인 민물장어 조리법은 카바야키(민물장어에 양념을 바른 뒤
꼬치에 끼워 구운 요리)이지만, 후쿠오카에서는 세이로무시가 단연 인기 NO.1!
세이로무시는 야나가와에서 처음 시작된 조리법으로, 차갑게 식은 장어구이를 세이로에 넣어
데워 먹은 것이 시초였으며, 키타하라 하쿠슈나 단 가즈오 등
작가들도 즐겨 먹던 음식이다.
또한 쿠루메는 유명인을 많이 배출한 마을로도 유명하며, 돈코츠 라멘의 본고장이기도 하다.
이와 더불어 쿠루메의 또 하나의 명물이 바로 꼬치구이인데, 쿠루메는 인구수에 비례해
꼬치구이 가게 수가 일본에서 가장 많은 마을이기도 하다고.

Spot Data

사라야 후쿠류
皿屋 福柳

柳川市 沖端町29-1
☎0944-72-2404
11:30~16:00(LO 15:30)
※밤에는 예약 필요
목요일 휴무(공휴일인 경우는 변경)

간소모토요시야
元祖本吉屋

柳川市 旭町69
☎0944-72-6155
10:30~21:00(LO 20:30)
둘째, 넷째 월요일 휴무
(공휴일인 경우 다음 날)

야키토리 텟포
焼とり鉄砲

久留米市 日吉町107-2
☎0942-32-0338
17:00~다음 날 06:00
연중무휴

스미비쿠시야키 우에노
炭火串焼うえ野

久留米市 東櫛原町1011-1
☎0942-34-8484
17:30~24:00
월요일 휴무

아름다운 온천지 벳푸에서 즐기는
해산물요리&
지고쿠무시!!

◎ 테노베레멘 센몬텐
　로쿠세이

◎ 카이센이즈츠

◎ 노타쇼텐

◎ 지고쿠무시코보 칸나와

가장 먼저 찾아간 곳은 벳푸 역에서 걸어서 10분 거리에 있는 냉면집.
冷麺・温麺 六盛 ラーメン
테노베레멘센몬텐 로쿠세이
2001년에 오픈한 이곳 냉면은 전부 수타로 면을 뽑는다. 현지인은 물론 관광객들에게도 인기가 높은 가게.
이번 여행은 요우코 씨의 고교 동창 E씨와 함께 합니다.
나카스 에서 오셨어요.
처음 뵙겠습니다.
나카스?! 카라아게의 거리잖아!
처음 뵙겠습니다.
벳푸 역
'벳푸'라는 이름조차 너무 멋있어…
목적은 맛집 탐방이지만…
벳푸 역에 무료 테유(손을 담글 수 있는 곳)가 있어요.
황홀 2
부웅 2
역 앞에 있는 독특한 동상은 벳푸 관광의 아버지, 피카피카 오지상(아부라야 쿠마하치).
자, 이번에는 여자들이 사랑하는 관광지, 벳푸로 떠나겠습니다.
냉면 하면 한국이랑 모리오카가 유명하죠.
우리도 이름을 적고 공원에서 기다리기로~
여기저기 차례를 기다리는 사람들이…
모두들 대기자 명단에 이름을 적어놓고 가게 건너편의 공원에서 기다리고 있었습니다.
공원이 커다란 대기실 같아!
…라고 생각했는데
개점 전이라 아직 아무도 없구나…
조용~
후훗
이 도로를 사이에 두고 손님 이름을 부르는 광경도 재미있다
야마다 씨 외 세 분 손님~
네~!
좋았어, 직접 먹어보고 확인해야지!
그리고 벳푸 냉면은 이 두 냉면과는 달리 면발이 상당히 두껍고 쫄깃 쫄깃해요.
생긋~
맞아요~
모리오카 냉면은 파스타와 마찬가지로 밀가루와 녹말가루 등을 넣어 만들고 있어요.
노랗고 면발의 두께는 중간(2, 3mm) 정도
모리오카 냉면
한국 냉면은 주재료로 메밀가루를 쓰고, 끈기를 위해 전분이나 밀가루를 넣어 반죽해요.
검고 가는 면발 (1mm 정도)
한국 냉면

단면
4mm 정도
우와! 두꺼운 면발!!
검은 면발이 메밀국수처럼 보이지만 납작하지 않고 투명감이 있어!
국내산 소고기 사태로 만든 차슈
달걀
그래서 주문한
아오모리 마늘을 넣은 양배추김치
깨
파
냉면
¥650

술술 넘어가요.
독특한 식감!!
면발이 꼬들꼬들한 게 씹는 맛이 좋네요.
맛있어~
그래서 끈기와 탄력이 있구나
우와~~ 신기해!!
푸슛!
냉면의 면은 주문받은 뒤 기계로 뽑고 있어요.
그대로 삶는다

김치는 별도 접시에
달걀
참고로 따뜻한 국물의 온면도 있습니다.
온면
¥700
차슈
파
콩나물
꿀꺽 꿀꺽 마시고 싶어.
이 집만의 육수 비법!
국내산 소고기
다시마
두툼한 구시로 산 다시마와 최고급 라우스 다시마를 사용
육수는 맑고 산뜻 하면서도 진한 맛!
여기에 김치의 산미가 적당히 녹아들어 새콤하고 맛있어!!

같은 큐슈 지역 인데도 다르 네요.
카고시마 사투리로는 '테소이'라고 해요.
그리고 '멘도쿠 사이(귀찮다)'는 '요다키이'라고 해요.
에엣, 요다키이?!
예를 들면
싯테루? (알고 있어?) -> 셋초오?
잇테루 (말하고 있다) -> 잇초루
음~ '초오'나 '초루'를 많이 쓰는 것 같아요.
그런데 오이타 사투리는 어떤 특징이 있나요?
따뜻하니까 더욱 깊은 맛이 느껴집니다.
이것도 맛있어…
그렇습니다! 여기가 해산물 요리로 유명한 바로 그곳!!
카이센이즈츠
생선 가게에서 운영하는 식당으로, 생선의 신선도는 그야말로 최고!!
조금 불안해하며 걷다 보니 한 군데에 모여 있는 사람들 발견!!
호, 혹시…!!
오이타 사투리 강의를 들은 뒤 걸어서 다음 가게로 향했습니다.
상점가에 맛있는 가게가 있어요.
문을 닫은 곳이 꽤 되는데 …?
우와~ 멋있다!
타케카와라 온천
현재의 건물은 1938년에 완공된 것으로, 유형문화재이자 근대화 산업 유산이다.
T씨의 제안으로 찾아간 곳
근처에 있는 온천이나 구경할까요?
기다려야 할 것 같으니까 …
유형문화재 예요 ♡

가볍게 관광을 한 뒤 카이센 이즈츠로 돌아 왔으나
아직도 많이 기다리네요....
아까보다 더 많아진 것 같아요.

입장료는 100엔 이에요.
공중 목욕탕 같은 느낌 이네요.
우왓, 싸다~

이곳에는 위에서 보면 몸을 움직이는 게 보이지 않을 정도로 모래를 듬뿍 덮고 찜질할 수 있는 시설도 있어요.

좀 전에 봤던 전갱이
투명한 살
차조기
전갱이회 1인분 ￥2000~
막 잡은 신선도 최고의 전갱이 등장!
해초

30분 정도 기다린 뒤 드디어 가게 안으로 들어가서 주문을 했습니다.
활어조
우리 건가?
전갱이를 잡는 중이에요~
전갱이....
콩닥콩닥

차조기랑 잘 어울려요.
꼬들꼬들하고 맛있어요!
맛이 담백해서 생선살의 참맛이 더욱 잘 느껴집니다.

살은 두툼하고
예쁘다!!!

간장은 두 종류가 있습니다.
이즈츠 수제 사시미 간장
전통 있는 미호 간장. 맛이 진함
둘 다 달달하지만 직접 만든 쪽이 좀 더 달다.

먹기 좋은 크기로 자른 생선을 간장과 생강 등을 넣은 소스에 적셔 먹던 것이었죠.
류큐는 원래 어부들이 먹던 음식이에요.
류큐 ¥600
그리고 오이타 명물인 류큐도 주문!
다양한 생선회(방어, 전갱이, 고등어, 가다랑어 등)
차조기
무
우와, 분명 맛있을 거 같아요!!
류큐 돈부리도 있어요.
다양한 생선을 한 번에 먹을 수 있어서 좋네요.
소스가 배어 있어서 안줏거리로도 딱이에요.
튀김용 간장에 찍어 먹습니다.
무 간 것을 넣고
그리고 이 가게의 유일한 고기요리인 토리텐 (닭튀김)도 주문.
무, 당근, 오이샐러드
무 간 것
카라아게(일본의 닭튀김)보다 연한 색
이것도 오이타의 명물
토리텐 ¥600

이름 그대로 벳푸 역 근처에 있는 시장으로, 카이센 이즈츠에서 걸어서 10분 거리에 있다.
고가 아래에 있음
벳푸 역 시장
다음으로 향한 곳은
시간이 조금 지나도 바삭함이 유지돼서 맛있게 뚝딱 해치웠습니다.
튀김용 간장이랑도 잘 어울리네요.
우와~ 카라아게보다 훨씬 바삭바삭해!!

노타쇼텐
인기 반찬 가게로, 김초밥은 하루에 500개가 팔린다고.
野田商店
요우코 씨가 좋아하는 김초밥을 파는 가게가 바로 이곳.
덜컹 덜컹!!
위로 전철이 지나가서 때때로 엄청난 소리가 난다
고기, 생선, 채소, 과일, 과자 등 맛있어 보이는 것들이 주~욱
지금 가려는 가게에서 파는 김초밥이 진짜 맛있어요!
와~ 이것저것 사고 싶어~

벳푸 역까지 걸어갔으니, 이제는 택시를 타고 이동 합니다.
하이힐을 신어서 다리 아팠는데 살았다~!
테이크 아웃 이어서 다른 곳으로 가서 먹을 예정 입니다.
여기서 김초밥과 닭 튀김을 구입!!
자, 갈까요~?
전부 화려하고 푸짐함
가게 앞에 맛있어 보이는 반찬들이 나란히 진열돼 있습니다.
반찬 ¥300
다양한 종류의 반찬을 팔고 있다
'어떻게 뚜껑을 덮지?' 하고 고민할 정도로 반찬이 듬뿍 담겨 있다
듬뿍
양상추말이 1개 ¥200
양상추가 삐져나와 있다
점보 유부초밥 1개 ¥110
주먹만 해!
두둥 2
빵빵~

칸나와라는
지역으로
향하던 중

와!!!

여기저기에서
수증기가
올라오고
있어!

택시 창문
밖으로
보이는
온천
수증기에
흥분한 나!!

그리고 20분 정도
달려서
도착한 곳.

지고쿠무시코보 칸나와

벳푸의 명물인 지고쿠무시
(온천 수증기를 이용해
식재료를 쪄내는 요리)를
체험할 수 있는 시설.

다리
찜질기

그리고
엄청
궁금했던
것이 바로
이것!!

위치에
따라
물의
온도가
달라요.

좀 더 앞쪽은
미지근

드디어
하이힐에서
해방됐어!!

뜨거움

족욕탕에
들어오니
생각지
못했던
털들이…!!

공방 옆
무료
족욕탕

아,
그게
좋겠다
~

다리도 아프니
우선 별관에
있는 족욕
시설에
가볼까요?

몸이 찬
사람
한테도
좋을 듯.

이거라면
편하게 살을
뺄 수 있겠군

후후훗~

거리도
가깝고
무료니까
자주
다녀야지.

앗, 다리가
날씬해질 것
같아!!

으아~
난 더 이상
못 하겠어.

나는 수건이
없어도
허벅지가
두꺼워서
열풍이
빠져
나가지
않았지만
…

정면에서 본 그림

허벅지

이 사이를 수건으로
막아서 열풍이
빠져나가지 않게 한다

나무로 된
기계 구멍에
다리를
넣고
찜질을
하는
기계
입니다.
말하자면
다리
사우나.

① 구멍에 다리를
넣습니다

덜커덕

② 뚜껑을 덮습니다

③ 따뜻해
집니다

일정한
리듬으로 열이
가해짐.

그리고
30분 뒤

고민 끝에 두 사람은
근처 온천에
다녀오기로 하고
나는 휴게실에서
기다리기로
했습니다.

다녀
오세요!!

집에 가는
신칸센
시간
늦춰야겠다
…

휴게실에서
회의 중

어떻게
할까요
…?

예약부터
할걸…

이날은
연휴여서
사람들로
북적
북적.

엣?!
두 시간이나
기다려야
한다고요?!

다리의
피로가
풀렸을
즈음
명물
요리인
지고쿠
무시의
접수처로
향했으나
…

우선
카운터로
가서
일행이
아직
오지
않았다고
알린 뒤

번호표를
제가 가지고
있지 않아서
…

저기…
두 시간이라고
하시기에…

당황

당황

그럼, 전부 오시면
바로 들어가실 수 있게
안내해드릴게요

요우코 씨에게
전화를
했으나…

지금은
전화를
받을 수
없으니…

으악…
안 받아!
아직 목욕
중인가?

엣!!?

안내 방송
↓

벌써
불렀어!

37번 손님~!

너
무
빠
르
잖
아
!!

벌써?!

37
번

아니에요.
원래 두 시간
이었는걸요.

많이
기다렸죠?

잉잉…
이시이 씨
미안해요~

번호가 불린 지 15분 만에 재회

결국
예약한 지
45분 뒤
지고쿠무시
체험을
할 수 있게
됐습니다.

두 시간
이라더니
말이 너무
다르잖아!!

히잉…
너무해~

뿌우~

안내 방송이 들리는
곳에 있도록 하자

찐빵이랑 푸딩도 맛있겠다~
우헤헤
다양한 식재료를 찐다(기본적으로 먹을 수 있는 건 뭐든 쪄준다)
바나나
돼지고기
달걀
비엔나소시지
음식은 포장도 가능하며 직원이 먹기 좋은 크기로 잘라줍니다.
닭고기
치마키
(대나무 잎으로 말아서 찐 떡)
고기 왕만두
우리는 채소와 해산물을 선택했지만, 그 밖에도 종류가 다양합니다.
자동판매기에서 구입
가마
지고쿠무시 가마(대) 기본 사용료 (30분 이내) ¥800
가마 이용권과 식재료권을 구입합니다.
수증기의 온도는 약 100℃!!
온천 수증기가 뿜어져 나오는 가마를 지옥가마라고 합니다.
지고쿠무시는 에도 시대부터 전해져 내려온 칸나와의 전통 조리법이라고 합니다.
식재료를 조심스럽게 가마에 넣어주세요.
직원이 도와준다
지옥가마
식재료를 들고 가마장으로 ~!
여름엔 정말 지옥이 따로 없겠어요.
그런데 가마장 엄청 덥네요!
후~
부스럭
자, 기다리는 동안 김초밥을...
바깥의 식사 공간
화상 방지를 위해 장갑 착용 (빌려줌)
음식을 넣고 정해진 시간 동안 기다립니다.
의외로 무거운 뚜껑!
음식은 소쿠리에 겹겹이 쌓아서 넣는다
작업 순서
① 가마 속에 식재료를 넣는다
② 정해진 시간 동안 기다린다
아직 인간 ㅠ
아직 인간 ㅠ
채소, 해산물 15분
감자류 30분
③ 완성
작업 순서는 직원이 가르쳐줍니다

김초밥
꽁다리
정말 좋아~
차조기
향이 나요.
음~~
심플한
속재료!!
오가리랑
달걀도
달콤하고
맛있어.
드디어 등장!!
좀 전에
구입한
김초밥!!
차조기 잎
오가리
재료가
살짝 삐져나온
꽁다리 부분이
제일 좋아~
달걀
밥보다 속재료가 더 많아 보임
김초밥 1개
¥350
짜 자~안!!

15분 뒤
와~!
15분 뒤와
30분 뒤에
식재료를
무사히
꺼내고
30분 뒤
김초밥과
잘
어울리죠
!?
이 닭튀김은
양념이
진해서
밥반찬으로
딱이네요.
그리고 오늘
두 번째 먹는
닭튀김!!
닭튀김 1팩
¥350

감자
고구마
양파
호박
채소 B세트
¥1000
옥수수
달걀
※음식 세트의 구성은
그때그때 달라요~
오징어
동그랑땡
게살경단
홍합
양배추
느타리버섯
게
가리비
새우
해산물 A세트
¥1000
드디어
메인 디쉬
완성!!

*염화물천: 식염이 존재하는 온천수.

사이호지 거리에 있는
'Select Beppu'에도 들렀습니다

*맹장지: 빛을 막기 위해 안과 밖에 두꺼운 종이를 겹바른 장지.

온천 수증기로 식재료를 쪄 먹는다?!
벳푸에서만 즐길 수 있는 사치!

벳푸는 온천의 용출량과 원천의 수가 일본에서 가장 많은 것은 물론
세계에 현존하는 11종의 온천 중 10종이 끓고 있는 온천천국.
최근에는 온천욕뿐 아니라 맛집 여행을 목적으로 이곳을 찾는 관광객들도 늘고 있다.
그중에서도 이번에 취재한 지고쿠무시는 칸나와에서만 즐길 수 있는 음식으로,
지옥의 온천 수증기로 식재료를 쪄내면, 따끈따끈 뜨끈뜨끈한 극락 요리로 변신한다!
식어도 맛이 좋아서 단골손님들은 넉넉히 쪄서 집으로 가져가기도 한다.

- -

Spot Data

- -

테노베레멘 센몬텐 로쿠세이
手のべ冷麺専門店 六盛

別府市 松原町7-17
☎0977-22-0445
11:30~14:00, 18:00~20:00
수요일 휴무

카이센이즈츠
海鮮いづつ

別府市 楠町5-5
☎0977-22-2449
11:30~23:00
월요일 휴무(공휴일인 경우 다음 날 휴무)

노타쇼텐
野田商店

別府市 中央町6-22
☎0977-22-5520
8:00~17:00
화요일 휴무

지고쿠무시코보 칸나와
地獄蒸し工房 鉄輪

別府市 風呂本5組
☎0977-66-3775
9:00~21:00(주문 ~20:00)
셋째 주 수요일 휴무
(공휴일인 경우 다음 날 휴무)

흑돼지가 다가 아니야!!
고향 카고시마에서 명가를 만나다!

◎ 돈카츠 카와큐

◎ 텐몬칸무자키

◎ 이치니산 텐몬칸점

◎ 카고시마 라멘 부타토로 텐몬칸 본점

돈카츠 카와큐
카고시마 추오 역 근처에 있는 인기 가게로 2013년에 재오픈했음.
그렇군요~
카고시마는 샤브샤브가 유명하지만 돈카츠도 인기 많아요~
이번에는 제 고향인 카고시마로 맛집 탐방을 떠납니다.
카고시마 흑돼지 요리!! 먹고싶당~
그래서 흑돼지 등심 정식과 돈카츠 안심 정식을 주문 해보기로!
기리시마의 맑은 공기와 맛있는 물을 먹고 자라는 와타나베 바크샤 목장의 순수 흑돼지로 요리한다. 이곳의 돼지들은 목장만의 특별한 사료로 키우며, 돼지를 위한 운동장도 마련돼 있다고.
안심보단 등심을 먹는 편이 일반 돼지고기랑 맛을 비교하기 쉬울 거예요.
흑돼지, 맛있어요~
카고시마 하면 흑돼지!
일반 돼지 고기랑 맛을 비교해보고 싶어요~
음... 고민돼
비계가 반짝반짝 빛나서 식욕을 자극해
흑돼지는 비계에서 단맛이 납니다. 육질 또한 탱탱하고 매끈매끈!
탱탱~
고기에 탄력이 있어.
짜자~~안!!
저온에서 천천히 튀기기 때문에 20분 정도 걸립니다
흑돼지 등심 정식
(밥, 된장국, 반찬, 김치)
150g, ¥1800

조용~

실은 카와큐의 사장님이셨던 가와구치 카즈히사 씨가 1년 전에 돌아가셔서 가게가 문을 닫았다고 합니다.

맞아, 문을 닫았던 때가 있었어…!!

흑돼지의 맛에 감격하고 있을 때, 점원이 이런 이야기를 해주었습니다.

밥이 술술 넘어가요…

뒷일을 생각해서 반 공기만 먹고 참기로!

튀김옷이 얇아서 고기 맛을 최대한 즐길 수 있겠네요.

소스는 3종류

양념 소스

간장 소스

검은깨를 넣어서 회색빛을 띤다

유자 된장 소스

사장님이 마지막으로 영업했던 날로부터 1년 뒤 가게를 다시 열게 된 것입니다.

좋았어, 이제 됐어!!

와~

짝짝

짝짝

수차례의 테스트를 거쳐 유족들에게 확실하게 맛을 인정받은 뒤

완성!!

단골손님 중 한 명이던 세도구치 정육점의 요시무라 다카히로 사장이 간판을 이어받게 됐습니다.

그래, 어떻게든 다시 살려보자!!

그때의 그 맛을 다시 한 번 맛보고 싶어!!

단골손님들이 폐점을 안타까워하여,

두두~웅!!

돈카츠 안심 정식 (밥, 된장국, 반찬, 절임반찬) 200g, ￥1700

이런 이야기를 듣고 나니, 새 요리에 대한 기대치도 더욱 높아졌습니다!

아주 얇은 튀김옷

봉 모양

이것 역시 주문하고 20분 정도 걸림

마음의 맛이란 마음에 남는 맛이다

마음의 맛이란 마음을 올리는 맛이며

정육점이 반한 맛

고기는 두툼하게, 튀김옷은 얇게

이어받은 어깨띠, 돈카츠 카와큐

감동적인 이야기네요.

전혀 몰랐어요…

가게 안에는 이런 복잡한 스토리를 적은 포럼이 내걸려 있습니다.

그랬군요…

정육점 사장님이 뒤를 이었다더니 역시 다르네요!!
굵은 결이가 느껴져요!
여기 돈카츠는 분명 식어도 맛있을 거예요!!
입안 가득 퍼지는 고소한 비계도 정말 맛있어.
무척 부드러워~
촉촉하고 고급스러운 등심의 촉감에 잠시 넋을 잃고 말았습니다.
동글동글!
이것도 기리시마 숙성 돼지인 '히나모리 포크'
직경 5cm 정도
튀김옷은 1~3mm
연한 핑크색
단면은 이런 모양입니다.
예전부터 이 동글동글한 등심을 먹어보고 싶었어~!
도착한 곳은 바로 여기!
天文館 むじゃき
米白
텐몬칸무자키
1947년에 개발한 '시로쿠마(흰곰)' 빙수가 인기라 관광객들도 많이 찾고 있다.
자, 이번에는 입안을 개운하게 해줄 디저트를 찾아 텐몬칸으로~!
그네를 타고 있는 시로쿠마. 사진을 많이 찍는다
왜 그네를 타고 있는 걸까…?
Mujakikko
관광객들에게 언제나 인기 만점인 가게 앞의 곰 인형!
무자키의 시로쿠마는 질리지 않아서 계속 찾게 되는 매력이 있습니다.
역시 무자키의 시로쿠마가 최고지~!
새로 나온 빙수도 맛있겠는걸~?
노란 곰
어마어마한 양의 망고!!
시로쿠마는 다른 카페에서도 판매하고 있으며 꾸준히 새로운 맛이 등장하고 있지만…
검은 곰
커피 맛
커피 젤리!
빨간 곰
드래곤푸르츠

이번에는 레귤러 사이즈를 둘이 나눠 먹을까요?
저는 언제나 크기에 압도당해서 베이비 사이즈만 먹었어요…
베이비 사이즈는 레귤러 사이즈의 절반
무자키 건물 내부 ↓
4F 일식
3F 사무실
2F 양식
1F 중화요리
B1F 오코노미야키
오코노미야키도 파는구나~
시로쿠마만 파는 게 아니랍니다.
그렇습니다! 무자키는 원래 중국음식을 파는 가게입니다.
여기서 시로쿠마를 먹을 수 있다
가게 안은 음악도, 내부 인테리어도 모두 중국풍!

산뜻하고 맛있어요.
우유를 얼려 만들어서 얼음이 폭신폭신하고 칼피스 맛도 살짝 나요.
카레용 스푼
들어간 재료
체리
귤
파인애플
바나나
수박
멜론
딸기
복숭아
건포도
흰콩
푸룬
젤리
스위트 롤
(고구마 과자) 등
짜 잔~!!
높이 15cm 정도
맛의 비법인 꿀
보석처럼 생겼어~
시로쿠마 레귤러 사이즈 ¥683

아이돌 시로쿠마
여기저기서 사진을 찍고 있습니다. 시로쿠마의 인기를 실감할 수 있습니다.
시로쿠마율 100% ♡
뭔가 재미있는 풍경…
오후 3시 정도였는데 가게 안의 모든 손님이 시로쿠마를 먹고 있었다.

얼마나 밀고 있는 거야!
온통 엉덩이야!!
엉덩이 벽지
엉덩이 장식
엉덩이 포렴
가게에는 돼지 엉덩이를 모티브로 한 장식품이 다양하게 진열돼 있습니다.
세 번째로 향한 곳 역시 돼지고기 요릿집입니다.
1층의 메밀국수집은 자주 가는데…
1층 메밀국수집
이치니산
메밀국수 장국에 돼지고기 샤브샤브를 찍어 먹는 독특한 스타일.
T 씨예요
안녕하세요?
가고시마 거주
이곳에선 요우코 씨의 지인인 카메라맨 T씨가 합류합니다.
입구에 산더미처럼 쌓여 있는 고기 접시가 압권!!
고기 타워
흑돼지 샤브샤브
(샤브샤브용 고기, 모둠채소, 생면)
￥2500
드디어 기다리고 기다리던 샤브샤브 등쟁!!
메밀국수 육수
파
메밀국수 장국
동그랑땡
자주 먹지 않는 음식이라 너무 설레요!!
카고시마 사람들도 특별한 날에만 먹죠?

파도 듬뿍♡
익힌 고기는 이 가게만의 특제 소스인 메밀국수 장국에 찍어 먹습니다.
이렇게 먹는 건 '이치니산'에서 처음으로 시도한 방식이라고 합니다.
모체가 메밀국수 가게여서 만들어진 스타일입니다.
팔랑
팔랑
예쁜 핑크색의 고기가 춤을 추고 있어!!
고기는 메밀국수 육수에 살짝 담갔다가 꺼냅니다.
저희 가족도 파를 여러 번 리필해서 먹어요.
고기에 듬뿍 올려 먹으면 맛있다!!
그리고 파를 넣어주면 전혀 새로운 맛으로 변신!! 파가 매우 중요한 역할을 하고 있습니다.
메밀국수 장국하고 무척 잘 어울려요.
역시 흑돼지는 맛이 다르네요~
행복해지는 맛이야~!
파도 맛있고 메밀국수 장국도 무척 맛있어!!
이런, 이런!! 너무 맛있어서 멈출 수가 없어!
과연 리필을 할까?
싫었는데…
'파와 메밀국수 장국 무제한 제공'이라는 말을 처음 들었을 때만 해도
파
메밀국수 장국

동그랑땡과 채소도 메밀국수 장국에 찍어 먹으면 별미!
재료 본연의 맛을 즐길 수 있어…
이야, 맛있군!!
후아~
국수 장국 왕자님이네~
아하하
T씨는 메밀국수 장국을 꿀꺽꿀꺽 마셨습니다.
고급스럽고 깔끔한 맛이네요~~
후루룩
메밀국수 육수에 돼지기름이 녹아 있어서 더욱 맛있어!! 최고!!
후루룩
면발이 쫄깃쫄깃해서 파를 듬뿍 넣어 먹으니 정말 맛있군요!
후루룩
후루룩
마무리는 인기 메뉴인 메밀국수 생면입니다. 샤브샤브를 먹은 뒤 메밀국수를 넣어 먹는 것도 이 집만의 즐거움!
생면
※흑돼지 샤브샤브에 포함
붓통처럼 생긴 그릇에 담겨 나온다
이곳의 메밀국수는 메밀의 중심 부분에서 채집한 하얀 메밀가루만을 사용해 만들며 고급스러운 향이 난다.
이 지역에 살고 있는데 전혀 몰랐어요!
앗싸, 다음에 꼭 와봐야지~
카이센나케야 사오짱
이 집 맛있어요~
스미비시치링야키노 미라이야
도중에 T씨에게 맛있는 가게를 소개받기도 하고
점점 술집 거리로…
다음 가게로 향하기 위해 텐몬칸 안으로 이동~! T씨도 함께 갑니다.

기름기 기름기가 많은 진한 맛 or 기름기가 적은 담백한 맛
간장 진한 맛 & 담백한 맛
면 딱딱한 면 or 가는 면
완탕면도 먹어보고 싶어~
뭐 시킬까요? 저는 항상 담백한 국물에 간장 맛이 진한 돼지항정살 라멘을 먹어요.
기름기가 많은 진한 국물에, 간장도 진한 맛으로 해서 아주 아주 찐~~~한 맛의 차슈면 어때요?
이 지역 사람들 중엔 모르는 사람이 없을 정도로 유명한 라멘집입니다.
도착한 곳은 바로 여기!
豚とろ
부타토로
돼지항정살로 만든 차슈가 유명한 가게.
이건 담백한 국물에 진한 간장 맛
야들야들한 차슈
파
다양하게 주문할 수 있어서 3가지 메뉴에, 맛도 3종류 중에서 선택!
다른 주문
차슈면 -> 진한 국물에 진한 간장 맛
완탕면 -> 보통
돼지항정살 라멘 ¥650
목이버섯
튀긴 파
오독 오독 아삭 아삭
카고시마 라멘의 특징인 웰컴 절임 반찬을 먹으며 요리를 기다립니다.
무절임
연노란색의 스트레이트 면
면발은 카고시마 특유의 씹는 맛이 좋은 중면.
국물이랑 잘 어우러지는 것이 포인트!!
튀긴 파가 식욕을 자극한다.
기본 돼지뼈 육수에 닭 육수와 가츠오부시 등을 첨가한 국물.
보기보다 진하지 않아!!

든든하게 먹고 싶을 때 좋을 것 같아요
차슈면은 담백한 맛으로 할걸~
완탕면도 보들보들 하고 맛있네요.
돼지항정살 라멘의 담백한 국물에 진한 간장 맛은 균형이 잘 맞네요.
3가지 메뉴의 맛을 비교해 보았습니다.
희귀 부위인 항정살에 특제 소스로 양념을 해서 만들고 있습니다.
그리고 최고 매출을 자랑하는 돼지 항정살 차슈!
야들야들~
젓가락으로 집을 수 없을 정도로 야들야들해!
리필 면은 아주 얇은 면입니다.
가는 면발도 나름 잘 어울려. 두 종류의 면을 맛볼 수 있어서 좋아~!
나만의 국물이 완성되면 라멘 전문가처럼 보인답니다!
메뉴와 맛을 조합하면 다양한 맛을 즐길 수 있습니다.
자신이 좋아하는 맛을 찾는 즐거움도 있어요.
맛 랭킹
돼지항정살 라멘 - 담백한 국물에 진한 간장 맛
균형 ★★★★★
완탕면 - 보통
안정도 ★★★★★
차슈면 - 진한 국물에 진한 간장 맛
진한 정도 ★★★★★
재료 맛이 강하면 국물은 담백하게, 재료 맛이 담백하면 국물은 진하게 드시길!!
은밀한 야망도 생겼습니다.
미식가처럼 보일지도 몰라…
자세히 알게 되면 다른 지역에 사는 친구들이 놀러 왔을 때 안내해줘야지~!
히쭈
정기적으로 내 고장 맛집 탐방을 할 수 있다면 좋겠다고 생각했습니다.
맛있는 게 정말 많다는 걸 다시 한 번 느꼈습니다.
고향이긴 하지만 평상시 먹지 않았던 음식도 있었고
그렇죠

소금 캐러멜
같은 맛이지만
마지막에
메밀국수 장국 맛이
입안 가득
퍼지는 신기한 맛
~~!!
중독성 있어 2
소바 츠유
소프트크림
￥280
평범한 바닐라색
돼지고기
샤브샤브집
'이치니산'의
아래층에 위치한
공방에서
메밀국수 장국으로
만든
소프트크림을
판매하고
있다

가벼운 마음으로 놀러 갈 수 있는 곳, 카고시마!

큐슈 신칸센이 개통되면서 하카타에서 1시간 17분이면 갈 수 있는 곳, 카고시마.
아침 일찍 서둘러 출발하면 아침, 점심, 간식, 저녁까지 당일치기로도
4식을 먹을 수 있다!! 이런 카고시마에서 꼭 맛봐야 할 것이 바로 흑돼지요리!
고구마가 첨가된 사료를 먹고 자라 맛 성분인 아미노산이 다량 함유돼 있기 때문에
씹을수록 비계의 단맛이 입안 가득 퍼진다.
흑돼지의 비계는 일반 돼지고기에 비해 융점이 높아서,
불에 익혀도 끈적이지 않고 맛이 담백한 것이 특징이라고.

Spot Data

돈카츠 카와큐
とんかつ川久

鹿児島市 中央町21-13
☎099-255-5414
11:30~15:00,
17:00~22:00(LO 21:30)
화요일 휴무

이치니산 텐몬칸점
いちにぃさん 天文館店

鹿児島市 東千石町11-6
そばビル 2, 3 階
☎099-225-2123
11:00~22:30(LO 22:00)
연중무휴

텐몬칸무자키
天文館むじゃき

鹿児島市 千日町5-8
☎099-222-6904
11:00~21:30
(일, 공휴일, 7, 8, 9월 10:00~)
부정기휴무

카고시마 라멘 부타토로
텐몬칸 본점
鹿児島ラーメン豚とろ 天文館本店

鹿児島市 山之口町9-41
☎099-222-5857
11:00~다음 날 03:30
부정기휴무

말고기요리, 라멘, 타이피엔!

힘이 불끈 솟는 쿠마모토의 3대 맛

◎ 쿠마모토 라멘 센몬텐 코쿠테이

◎ 코란테이

◎ 스가노야호루몬

미네랄이 적당히 녹아 있는 지하수를 수돗물로 사용하고 있으며, 쿠마모토 산 미네랄워터라고 불릴 정도로 물맛이 좋습니다.
맛있는 물
맛있어~!
오늘은 쿠마모토에 왔습니다.
쿠마모토는 '물의 도시'라고 불리는 만큼 요리에도 맛있는 물을 쓰고 있어요.
쿠마모토 사람들이 부러워요~
오겐
우선 면발이에요. 하카타는 가는 면발이지만 쿠마모토는 중간 두께의 스트레이트 면을 쓰죠.
쿠마모토 라멘도 돼지뼈 국물이죠? 하카타 라멘이랑 뭐가 다르죠?
코쿠테이
1957년에 창업했으며 육수, 차슈, 마늘기름 등 모든 재료를 직접 만들고 있다.
黒亭
熊本ラーメン専門店 黒亭
기대에 부푼 가슴을 안고 가장 먼저 향한 곳은 쿠마모토 역에서 걸어서 10분 거리에 있는 인기 라멘집!
이 가게에서 가장 인기 있는 달걀 라멘 등장!!!
와~~ 달걀노른자가 2개야!!
콩나물
목이버섯
파
달걀라멘 ¥820
차슈 4장
요우코 씨에게 라멘 강의를 듣고 있는 동안
그리고 건조 마늘이나 튀긴 마늘을 넣는 것도 맛의 비결이에요!
말만 들어도 군침 돌아~
가게마다 마늘 조리법이 조금씩 달라요

마늘기름이 국물에 향과 깊이를 더하는 역할을 하고 있으며, 마늘의 양은 조절할 수 있다.

국물이 무척 진한데 뒷맛은 담백해요~
으음!
마늘기름 (마늘을 기름에 튀겨 만든 기름)이 식욕을 자극하네요.

좋은 사료를 쓰는 양계장에서 직송된 신선도 최고의 달걀!!
뭐니 뭐니 해도 이 라멘의 가장 큰 특징은
반짝반짝
탱글탱글
색감 좋고!
윤기 좋고!

직접 만든 양념을 넣고 삶는다고 한다.
차슈는 돼지 넓적다리 살로 만들고 있으며
상당히 탄력이 있고 씹는 맛이 좋아~
하지만 맛은 의외로 담백해

진한 노른자와 면발이 어우러져 맛있다!
걸쭉~
달걀의 부드럽고 진한 맛이 좋아!
면에는 달걀이 들어가지 않습니다

달걀을 좋아하는 선대 여사장님이 고안해낸 달걀라멘 먹는 법.
① 달걀 노른자를 스푼에 올린다
② 그 위에 면을 올린다
③ 비벼서 먹는다
맛있어!!

*츠케면: 면을 국물에 찍어 먹는 일본식 라멘.

전철을 타고 무사히 목적지에 도착!
나도 보러 갔었어요!
여긴 이노우에 타케히코 선생님의 '마지막 만화전' 이후 처음이에요.
역시 쿠마모토는 도시네요~

추 욱~
큐슈의 여름은 기온은 물론 습도도 높아서 푹푹 찌는 날씨…
찐만두가 될 거 같아….
정류장엔 지붕이 있어서 그나마 다행이야~
모자라도 쓰고 올걸…

쿠마모토의 추억을 떠올리며 두 번째 집에 도착했습니다.
紅蘭亭
코란테이
1934년 창업. 쿠마모토를 대표하는 전통 중화요릿집으로 오래전부터 타이피엔을 판매하고 있다.

재잘 재잘
감동적이었어요
정말 좋았죠~? 마지막엔 눈물이 나더라고요
'마지막 만화전'이란 미야모토 무사시를 주인공으로 한 만화 『배가본드』의 전시회로, 쿠마모토는 미야모토 무사시가 생을 마감한 곳이기도 합니다.

타이피엔이 일본에 처음 소개된 것은…
長崎
福建
약 100년 전으로 중국의 푸젠성에 거주하던 화교들이 나가사키로 건너와

명물 타이피엔을 먹으러 왔습니다.
따뜻한 국물 (닭 육수, 돼지뼈 육수)
튀긴 달걀(후히탄)
타이피엔 ¥750
고명이 푸짐하고 생김새가 짬뽕과 비슷하다

코란테이는 오래전부터 쿠마모토에서 타이피엔을 팔고 있는데, 타이피엔은 다음의 조건을 갖추고 있어야 한다고.

① 녹두 100%의 당면을 사용한다.
② 튀긴 달걀을 넣는다.
③ 닭 육수와 돼지뼈 육수를 사용한다.
④ 2천 년 전과 똑같은 제법으로 만든 자연 숙성 바다소금을 사용한다.
⑤ 맛있게 만들려는 정성이 있어야 한다.

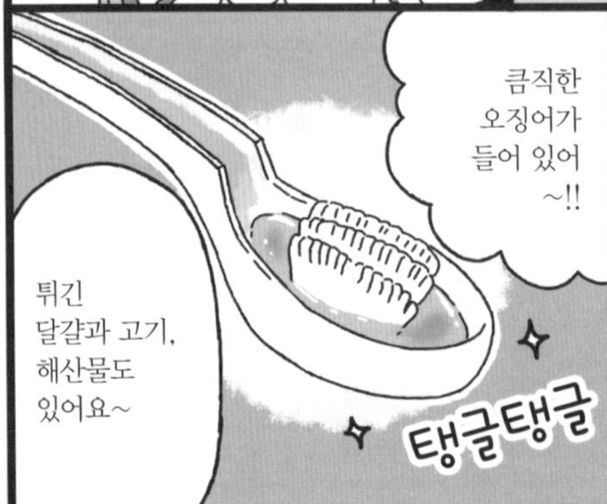

걱정 반 기대 반으로 찾아가긴 했지만
이상한 냄새가 나면 어쩌지…
두근두근
다음은 말고기요리를 먹으러 갈 차례이지만, 사실 말고기 요리는 처음인 나…
다이어트에 대한 의지도 강해졌습니다.
섹시한 치파오를 입은 점원
다이어트해서 점원 언니처럼 날씬해져야지!
채소를 섭취할 수 있어서 건강에 좋고, 국물에는 콜라겐이 듬뿍, 게다가 당면은 저칼로리!!

H씨 →
안녕하세요..
요우코 씨의 친구인 H씨가 합류했습니다.
쿠마모토 TV 리포터, 특기는 볼링, 디저트 완전 좋아함 ♡
오랜만이야~
귀여운 차림
무사히 말고기요리 데뷔를 할 수 있을지 걱정하고 있을 때…
馬刺し・馬焼・もつ鍋
菅乃屋 ホルモン
스가노야호루몬
말고기요리로 유명한 전통 맛집 '스가노야'의 자매점으로 말고기 내장 전문점.

벚꽃만개 5종 세트
￥1580
차돌박이 기름이 반짝반짝
후타에고 (배 부위)
등심
타테가미(갈기 부위로 떡처럼 하얀색)
염통
나에겐 매우 낯선 요리가 등장했습니다.
H씨의 농담을 듣고 있는 동안
농담2
말을 뜻하는 마(馬)에서 유래된 것일지도 몰라요.
쿠마모토 사람은 놀랐을 때 '밧!'이라고 하는데
쿡, 재밌어~
엇?

냄새도 전혀 안 나고 부드럽고 담백한 맛이 입안 가득 퍼집니다.
다행이다~
어랏!? 맛있어~!
응응!?
우와~ 처음 먹어보는 말고기, 맛이 어떨까…?
우선 먹기 쉬워 보이는 등심부터…
덥석
덜덜덜…
말고기의 다양한 부위를 즐길 수 있던 귀중한 체험이었습니다.
차돌박이도 지방이 적당해서 맛있네요.
후타에고는 달고 탱글탱글해.
시꿀
시꿀
시꿀
시꿀
등심이 살살 녹아~
역시 말고기는 위에 부담이 적어서 좋아~
소기름처럼 생겼는데…
오독오독한 식감이 신기해!
생김새와 달리 전혀 기름지지 않아.
그리고 특히 맛있었던 타테가미!!
이런 사연으로 일본으로 돌아온 뒤 고향인 쿠마모토에 전파했다고 합니다.
헛!
하아
먹을 게 죽은 말밖에 없어…
으으…
맛있었잖아!!
꿀꺽
상상도
이 외에도 여러 가지 설이 있습니다
조선 침략 당시, 전쟁에 고전하면서 식량이 떨어지자…
무장 가토 기요마사가 전파했다는 설이 있어요.
그런데 왜 말고기 하면 쿠마모토인 거죠?
?

사쿠라테루노 카라아게
¥580
이름은 카라아게이지만 족발에 가까운 맛
곱창조림
¥480
돈장으로 소박하게 맛을 내서 술안주와 밥반찬 모두 잘 어울릴 듯
그 밖에 다양한 말고기 요리를 즐긴 뒤에도
보들보들 맛있다!
레바사시(간회)
¥980
황제소금(중국의 특수한 소금밭에서 생산되는 미네랄이 풍부한 소금)과 최고의 궁합!
슈퍼마켓에서도 팔고, 손님 접대를 할 때나 정월에도 꼭 먹는 음식이죠.
쿠마모토 사람에게 말고기 요리는 어떤 존재인가요?
쿠마모토 사람들의 일상에서 빼놓을 수 없는 존재라고 합니다.

와~~!!
우리의 식탐은 멈추지 않습니다.
불고기도 주문합시닷!!
오늘의 신선 곱창 세트
¥1680
연한 핑크색
양
뉴몬사쿠라 모둠구이 세트
¥1680
양
갈빗살
곱창
시비레(흉선)
두툼하고 보들보들
곱창
큼직한 조각
염통
고급스러운 윤기가 도는 붉은살
말기름

가까이에서 ← 보주셨음
아직 좀 더 있어야 해요.
점원 오빠, 이제 먹어도 되죠?
근질 근질
안절 부절
음, 조금 덜 익었네요.
점원
점원 오빠, 곱창 다 익었어요?
두근 두근
콩닥 콩닥

기다린 보람이 있는 맛!
첫 맛은 담백한데 씹으면 육즙이 팡팡 터져요.
탱글탱글 해요.
완전 말고기 팬이 됐음
곱창은 잘~ 굽는 것이 포인트.
네, 이제 드셔도 돼요.
세 번이나 물었음
이제 됐죠?
← 점원
와~!!
추가로 주문한 센본스지는 말의 아킬레스건.
엄청 오독오독함
가게에 다시 오니 몰랐던 부위도 알게 되네요.
처음 들었어요 ~
시비레는 말의 흉선으로 푸아그라를 먹는 듯한 느낌입니다.
말고기 맛있어 ~!!
살살 녹아~
기운이 불끈 나는 요리였어요!
쿠마모토는 사람도 요리도 힘이 넘치고 매력적인 곳이에요!
그럼요! 말고기는 건강식 이잖아요!!
이, 이렇게 많이 먹어도 괜찮나요?
후아~
엄지척!!
배부르다~

하지만 금방 만든 것도 먹어보고 싶어…
다음엔 직접 만들어 봐야지~
고구마를 좋아하는 사람들이 선호할 만한…
쿠마모토의 명물 이키나리 당고
쿠마모토의 명물인 이키나리 당고를 사고 싶었지만, 찾지 못하다가 겨우 발견한 것이 냉동 제품!
속
쫀득쫀득한 피
둥글게 썬 고구마
팥앙금

쿠마모토의 명물은 여자에게 좋다!!

쿠마모토의 3대 음식 중 말고기와 타이피엔은 최고의 건강식!
특히 말고기는 저지방, 저콜레스테롤, 저칼로리라는 삼박자를 고루 갖추고 있으며
고단백에 미네랄, 글리코겐, 콜라겐까지 풍부한 최고의 요리다.
또한 타이피엔은 채소가 듬뿍 들어 있어 영양 만점이며, 학교 급식으로 나올 정도로
쿠마모토 사람들에게 친근한 존재다.

Spot Data

쿠마모토 라멘 센몬텐 코쿠테이
熊本ラーメン専門店 黒亭

熊本市 西区 二本木1-2-29
☎096-352-1648
10:30~20:30
첫째, 셋째 목요일 휴무

코란테이
紅蘭亭

熊本市 中央区 安政町5-26
下通りアーケード内
☎096-352-7177
11:30~21:30
연중무휴

스가노야호루몬
菅乃屋ホルモン

熊本市 中央区 新市街2-10
コンフォートホテル熊本 1F
☎096-312-8345
17:00~24:00(LO 23:00),
일요일~23:00(LO 22:00)
연중무휴

짬뽕, 토루코라이스, 밀크셰이크까지
나가사키의 별미를 찾아서!!

◎ 시카이로우

◎ 추고쿠사이칸 케이카엔

◎ 코로케

◎ 뉴요쿠도

◎ 우미노

◎ 쇼쿠도이치베이

◎ 쿄카엔

오늘 함께 맛집 탐방을 떠날 나가사키 출신의 마츠다 편집장님 이셨습니다.
어멋, 이시이 씨!
대담한 미니 스커트!!
와웃!! 늘 씨!
…라고 생각했는데
짠~!
유난희 눈에 띄는 사람이 있네…
세련된 모습
나가사키역
여기서 만나기로 했는데…
두리번
시카이로우
1899년에 창업해 짬뽕과 접시우동을 처음 선보인 곳. 이 요리들은 초대 사장이 개발했다고 한다.
원조집은 정말 인기가 많습니다.
추석 연휴임
그러나 가게에 도착했을 때는 이미 점심 영업 종료!!
아직 오후 1신데 벌써 예약이 꽉 찼대요~
어멋!
왠지 험난한 맛집 탐방이 될 것 같은 예감이…
요우코 씨는 '본고장'이라는 말을 참 좋아하는구나
우선 짬뽕과 접시우동의 본고장인 시카이로우로 갈 거예요.
요우코 씨도 합류해서 오늘은 셋이 함께 맛집 탐방을 떠납니다.
두 사람은 예전부터 아는 사이
일본 첫 마라톤 대회 상품 중 하나가 시카이로우의 짬뽕 시식권 이었대!
시인인 사이토 모키치도 왔었구나!
짬뽕에도 역사가 있다!
친헤이 준
(1873~1939)
19세에 중국에서 나가사키로 건너와 1899년에 시카이로우를 창업했다.
호오~ 이분이 짬뽕의 아버지?
다시 기운을 내서 건물 안에 있는 '짬뽕박물관(무료)'에 가보기로.

훌 쩍…
그런데…
시카이로우에 손님이 너무 많지 뭐예요.
하긴 오늘 같은 날은 손님이 많지.
추석 연휴였습니다
안녕하세요?
저희가 오늘 이곳에 짬뽕을 먹으러 왔거든요.
맛집 탐방 중이라
자, 이제 새로운 짬뽕 가게를 찾아야 하는데…
이럴 땐 택시 기사님 에게 묻는 게 최고!!
여기요~
음, 차이나 타운은 아니지만…
케이카엔이 맛있지.
역시!
애절…
꼬옥~ 짬뽕을 먹고 싶어요!!
기사님은 보통 어디에서 드시나요?
가르쳐주시면 안 될까용?
부탁드릴게요~
음…
여보세요, 지금 미인 세 분 모시고 갈 테니까 준비 좀 해줘요.
자, 아저씨가 예약해 줄게요.
감사 합니다
호오~
훗
차는 정차 중입니다
배우고 싶은 커뮤니케이션 능력!
대단해…
와~! 현지분이 다니는 곳은 정말 맛있을 것 같아요.
후훗
꼭 먹어보고 싶어요!!
정보 수집 완료!

치파오를 입은 점원의 모습이 아름답다.
입체 기린
이유를 알 수 없는 판다 사진
창밖으로 보이는 경치가 몽환적이면서 재미있고
추고쿠사이칸 케이카엔
메가네바시 근처에 위치. 1947년에 창업했으며 손님 비율은 관광객과 현지인이 반반 정도.
요우코 씨의 활약으로 가게를 알아낸 뒤 택시를 타고 직행!
감사합니다
慶華園
면발은 가는 면(바삭바삭), 중면, 두꺼운 면 3가지 중 고를 수 있다
접시우동 ¥790
토핑은 어묵, 새우, 바지락, 돼지고기, 양파, 파, 목이버섯 등
짬뽕 ¥790
인기 메뉴인 접시우동과 짬뽕을 주문했습니다.
이 핑크색 카마보코를 보면 나가사키에 돌아왔다는 게 실감이 나요.
나가사키 출신
닭고기 육수만을 사용해 깔끔한 맛
더욱 화려하게 토핑을 올린 특제 접시우동과 특제 짬뽕도 있음(각 1200엔)
여기 짬뽕은 재료의 양도 적당하고 면이 많아서 좋아요.
두꺼운 면발은 쫄깃하고 씹는 맛이 최고!
일반 짬뽕은 재료를 소복하게 올려서 면을 먹으려면 한참 걸리지만
짬뽕은 영양 만점식이네요. 면과 고기에 채소도 들어 있고 …
담백한 국물에 바지락 육수까지 우러나서 꿀꺽꿀꺽 마시고 싶은 맛이에요!
짬뽕의 맛은 …
맛있어?

오사카의 '오코노미야키+흰쌀밥'과 같은 느낌?

밥이랑 먹지

택시 기사님의 이야기

그리고 나가사키 사람들은 접시우동을 반찬으로 먹을 때도 있다고 함.

나가사키 사람들은 소스를 뿌려 먹는다고 해서 따라 해보았더니

막과자 같은 정겨운 맛이 나요.

접시우동은 처음에는 '바삭바삭'하지만 먹다 보면 앙가케가 스며들어 '촉촉'하게 변하는 것도 즐거움 중 하나.

살짝 달콤하고 고소한 맛.

보통 토루코라이스는 이렇게 푸짐한 스타일이에요.

토루코라이스란, 한 접시에 푸짐하게 담은 양식풍의 세트 요리로 어린이 런치 세트의 성인 버전이라 할 수 있다. 주로 나가사키 현에 많으며 터키 요리는 아니다. 토루코라이스(토루코=터키)라고 불리게 된 유래는 불분명하다.

다음 목적지는 나가사키 명물인 '토루코라이스' 가게.

코로케

니기와이바시 정류장 근처의 골목 안쪽에 위치한 작은 양식집. 토루코라이스는 5종류가 있음.

일반 토루코라이스

돈카츠

샐러드

나폴리탄 파스타

필라프

카레소스를 얹은 것도 있다

정말 푸짐해!!

복고풍의 인테리어에 정겨운 느낌의 잡화들이 진열돼 있는 가게 내부.

컨트리풍의 인형

저 인형 우리 집에도 있었어~

톰을 닮은 인형이 걸려 있어!!

여기는 돈카츠 대신 치킨 피카타나 코로케를 얹어줘요.

튀김 대신 피카타라면 여성들도 도전해볼 수 있겠어요.

맛있겠다~♥

치킨 피카타

기름기가 적은 닭가슴살에 달걀옷을 입혀 지진 요리 (튀김 아님).

주문하고 10분 후… 드디어 나왔습니다!! 돈카츠 대신 피카타와 명물 코로케를 곁들인 토루코 라이스!
나폴리탄 파스타
토루코 치킨 피카타 (샐러드 포함) ¥1029
후쿠진츠케 (절임반찬)
코로케
치킨 피카타
필라프
남녀 노소에게 사랑받고 있다는 걸 알 수 있습니다.
여사장님 혼자 열심히 서빙 중
손님은 가족 단위부터 혼자 온 사람들까지 다양합니다.
여성 1인
남성 1인
가족
테이블 3개와 카운터석이 전부
특히 이 치킨 피카타의 맛이 일품이어서 모두 반하고 말았습니다.
바삭바삭 촉촉
아~ 더 먹고 싶어~
돈카츠를 피카타로 바꿨더니 순식간에 사라졌어요.
닭고기인데 보드랍고 육즙이 팡팡~!
과연 어른을 위한 런치 세트!! 모두를 설레게 합니다.
와~~ 정말 귀여워!!
와~
와~
후훗, 맛있죠?
재밌는 발상이야…
크림 코로케 속에 으깬 감자가 들어 있습니다. 튀김옷도 바삭바삭하고 맛있어!
바삭 잘라서 입에 넣으니
사르륵 녹아내려~
히야~
그리고 가게 이름이기도 한 코로케도 먹어 보았습니다.
동그란 공 모양
귀여워~
타르타르소스

뉴요쿠도
1937년에 개업.
맛과 재료에 신경 쓴 케이크와 아이스크림으로 많은 사랑을 받고 있는 양과자점.
ニューヨーク堂
소녀감성
바로 옆에 위치한 양과자점 '뉴요쿠도'의 카스텔라 아이스를 먹으며 간식 타임!
배가 불러도 디저트 배는 따로 있으므로…

가게 스티커
야무지게 2장씩 챙겼습니다.
KOROKKE
Korokke
SINCE 1975 · KOROKKE · NAGASAKI · FURUKAWAMACHI
여행 가방에 붙일 거예요.
여기 있어요
와~
귀여워

가게 스티커를 원하시는 분은 말씀해주세요
오, 가게 스티커를 준대.
스티커 주세요!
갖고 싶어~

나눠 먹고 있음
바닐라 한입만 주세요~
비파 맛은 산뜻해서 더위를 잊게 하네요.
한입만 더 먹고.

폭신폭신한 카스텔라 사이에 아이스크림과 자라메 설탕이 사각사각 씹히는 게 재밌습니다.
長崎 びわ カステラアイス
카스텔라와 아이스크림이 부드러워진 뒤에 드시면 훨씬 맛있어요.

카스텔라 아이스 (비파 맛) ¥250
바닐라, 말차, 딸기, 비파 4가지 맛
직접 구운 나가사키 카스텔라(자라메 설탕이 들어 있음)
비파 과육이 들어 있다
비파 맛 아이스크림

무슨 짓이얏!!
까악~
우리의 소중한 바닐라를 떨어뜨리다니!!
앗~
앙…
그게…
까악~
이런 해프닝도 있었고…

앗!!
툭!

젤라토 같은 느낌
빙수처럼 생겼지만 얼음 알갱이가 작다
밀크셰이크와 초코셰이크를 주문했습니다.
나가사키에서 밀크셰이크 하면 역시 '떠먹는' 타입이죠.
초코셰이크 ¥720
밀크셰이크 ¥670
뉴요쿠도에서 걸어갈 수 있는 거리
계속해서 간식 타임을 즐기기 위해 카페를 찾아 갔습니다.
COFFEE & UMINO
우미노
전통 있는 카페. 다양한 종류의 셰이크가 매력적인 곳.
그리고 초코 맛은… 너무 진하지 않고 부드러운 맛입니다.
아~ 뭔지 알 거 같아요! 고급스러운 빠삐코!!
아~ 정말! 빠삐코랑 비슷한 맛이야!
맛도 분위기도 가격도 전부 어른스러운 느낌입니다.
전석 흡연 가능
라운지처럼 생긴 자리
좀 더 진할 거라 생각했는데 고급스럽고 부드러운 맛.
お食事の店 一平
長崎名物 チャンポン 皿うどん
創業以来五十余年
이치베이
약 50년 전에 창업한 식당으로 외부 음식과 음료 반입 OK!
왠지 관심이 가는 가게 발견!
처덕 처덕
뭔가 붙이고 계셔…
이런저런 이야기를 나누며 거리를 걷고 있는데…
터벅터벅
이 돈이면 정식을 먹을 수 있는 가격이네요.
맛도 있고 분위기도 좋지만…
터벅
터벅

가게는
귀여우신
할머니가
서빙을 하고
계십니다.

아이고,
오래
기다렸지
~~?

조금
녹았어~

아하하…

사뿐~

음식물과 음료 가지고
오셔도 됩니다

みっかけ
ミルクみつかけ
ミルクセーキ
金時
~~ ~~
400円

앗!

밀크
세이크가
있어욧!

음식점인데
먹을 걸
가져와도
된다니…

400엔
이면
싸니까
한번
먹어보죠.

가게마다
가격이나 생김새,
맛이 달라서
재미있습니다.

이 진한
단맛이 바로
나가사키
전통의
맛이지~!

왁자

음~
달다!
은은하게
바닐라
향도
나고.

지껄

녹아도 진하다!

할머니가
말씀하신 대로
살짝 녹은 건
애교

저렴한
가격!

밀크셰이크
¥400

차이나타운 주변을 천천히
걷고 있는데…

이런
생각을 하며

역시
나가사키에 오면
차이나타운을
빼놓을 수 없지.

물론
사람들은
많겠지만
…

판다
상품들이
가득!

유명한
제면소
예요.

三喜製麺(有) TEL00-0000

고기
만두
사야지

코카엔
나가사키 차이나타운 입구에 위치. 나가사키에서 가장 오래된 제면소의 면을 사용한다.
이미 만석이지만…
여기 사는 카메라맨이 엄청 맛있다고 했어요!!
이글이글
작가님 눈에서 불이…
앗!!
다다다~!
?
니라판면 이닷!!
안주로도 좋을 것 같은 맛입니다.
맥주랑도 잘 어울려.
음~
소금으로 간을 한 야키소바 같은 맛이네요.
진한 기름에 볶은 면과 부추가 잘 어울려요.
파 아니에요, 부추예요~
큼직한 차슈
그런 말을 들었으면 먹어봐야지!
니라판면
¥800
원래는 직원들이 먹던 음식이라고.
음흐흐…
나가사키는 정말 맛있는 게 많구나~
냠냠~
볼이 미어지도록 만두를 먹으며 나가사키의 추억을 떠올리고 있습니다.
매콤달콤한 조림 육수가 밴 빵 부분이 진짜 맛있어.
나가사키의 명물 돼지고기만두
고기호빵 같은 느낌
카쿠니 (돼지고기조림)
살살 녹는 돼지고기를 폭신하고 쫄깃한 빵이 감싸고 있어.
우흐흐…
집에 돌아온 뒤 차이나타운에서 산 돼지고기만두도 먹어보았습니다.

나가사키 사람들은 친척들이 모이면
커다란 접시우동을 먹는다고 합니다

나가사키 짬뽕 맛의 비밀!

'나가사키' 하면 역시 짬뽕! 나가사키 짬뽕은 면을 만들 때 '토아쿠(唐灰汁)'를
사용하는 것이 특징이다. '토아쿠'는 중국식 국수를 만들 때 가루에 섞는
탄산칼륨 등의 용액으로 밀가루가 잘 섞이게 해준다.
예전부터 중국요리의 면을 만들 때 빠지지 않는 재료이며, 독특한 맛과 향이 있어 면을 삶으면
국물에 맛이 배어나온다. 그 밖에 교자나 완탕의 만두피를 만들 때도 '토아쿠'를 사용하며,
소화를 돕고 식욕을 증진시키는 효과도 있다고 한다.

Spot Data

시카이로우
四海樓

長崎市 松が枝町4-5
☎095-822-1296
11:30~15:00,
17:00~21:00(LO 20:00)

코로케
コロッケ

長崎市 東古川町3-23
☎095-826-1220
12:00~21:00(LO 20:30)
화요일 휴무

우미노
ウミノ

長崎市 万屋町5-3
☎095-824-3970
09:00~19:30
연중무휴

쿄카엔
京華園

長崎市 新地町9-7
☎095-821-1507
11:00~15:30, 17:00~20:30
부정기휴무

추고쿠사이칸 케이카엔
中国菜館 慶華園

長崎市 麹屋町4-7
☎095-824-7123
11:00~21:00(LO 20:30)
월 1회 부정기휴무

뉴요쿠도
ニューヨーク堂

長崎市 古川町3-17
☎095-822-4875
10:00~18:30
연중무휴

쇼쿠도이치베이
食堂一平

비공개

참고로 여러분에게 사랑받는 캐릭터가 되고자,
자화상도 조금 심플하고 어른스럽게 리뉴얼했습니다.

마지막으로, 낯가림이 심하고 외출을 싫어하는 저를
힘차게 쭉쭉 이끌어주신 성격 좋은 요우코 작가님,
흔쾌히 게재를 허락해주신 음식점 관계자 여러분,
취재에 동행해주셨던 모든 분들,
담당자 여러분, 디자이너 여러분,
그리고 이 책을 읽어주신 모든 독자 여러분께 진심으로 감사의 인사드립니다.

2013년 11월 15일
이시이 마키

『맛집 천국 후쿠오카·큐슈』를 읽어주셔서 감사합니다.
전작을 쓴 지 1년 이상이 지났는데,
이렇게 다시 책을 낼 수 있게 돼 무척 감격스럽습니다.

만화 속에도 그랬지만,
저는 현재 카고시마 현에 살고 있습니다.
큐슈는 가까운 곳이라고 생각했는데, 실제로는 모르는 것들이 수두룩합니다.
'맛있는 음식들이 이렇게 가까이에 있었는데, 지금까지 난 뭘 한 거야~!'
문화적 충격을 받느라 정신이 없었습니다.

이 책에 등장하는 가게들은 전부 정말 맛있었습니다.
이 책을 읽고서,
'나도 여행 가고 싶다!'
'이 책에 나온 가게, 한번 가볼까?'
이런 콩닥콩닥 설레는 감정을 느껴주신다면 무척 행복할 것 같습니다!

맛집 천국
후쿠오카 · 큐슈

1판 1쇄 인쇄 2014년 10월 30일 | 1판 1쇄 발행 2014년 11월 6일

만화 이시이 마키 | **가이드** 야마다 요우코 | **옮긴이** 박은희

발행인 김재호 | **출판편집인 · 출판국장** 박태서 | **출판팀장** 이기숙
기획 · 편집 박혜경 | **교정** 고연주 | **아트디렉터** 김영화 | **디자인** 이슬기
마케팅 이정훈 · 정택구 · 박수진
펴낸곳 동아일보사 | **등록** 1968.11.9(1–75) | **주소** 서울시 서대문구 충정로 29(120–715)
마케팅 02–361–1030~3 | **팩스** 02–361–1041 | **편집** 02–361–0967
홈페이지 http://books.donga.com | **인쇄** 삼영인쇄사

ISBN 979–11–85711–36–2 17980 | **값** 10,000원